中国社会科学院国家未来城市实验室建设项目资助

SMART CITY

刘治彦 王 谦 / 主编

陶 杰 哈秀珍 / 副主编

智慧城市论坛

COLLECTED PAPERS OF SMART CITY FORUM

No.6

社会科学文献出版社
SOCIAL SCIENCES ACADEMIC PRESS (CHINA)

《智慧城市论坛 No. 6》编委会

主编简介

刘治彦，1967 年生，黑龙江省哈尔滨市人，祖籍河北省乐亭县。现任中国社会科学院生态文明研究所二级研究员、博士后合作导师，同时担任中国社会科学院国家未来城市实验室主任，中国城市经济学会副会长，中国社会科学院大学教授、博士生导师。长期从事城市与区域经济学、资源与环境经济学、数字经济与智慧城市研究。近年来，主持和参与完成课题 70 余项，发表论著和研究报告 150 余篇（部），主讲各类学术报告和讲座 100 余场（次），先后获全国"五个一"工程奖，国家发改委优秀科研成果二等奖，中国社会科学院优秀信息对策研究类一、二、三等奖，等等。主笔起草的多项政策建议得到国家领导人批示，为我国城市经济学学科发展、智慧城市建设、新型城镇化与城市区域经济发展、荒漠化治理与沙尘暴防治等做出了重要贡献，被评为中国社会科学院科研岗先进个人（2013～2015 年）、中央和国家机关建党百年优秀共产党员（2021 年）等。

王谦，1990 年生，山东莱芜人，经济学博士。2023 年毕业于中国人民大学，在读期间主要研究方向为区域经济、城市经济。2023 年加入中国社会科学院生态文明研究所，从事博士后研究，研究领域主要包括数字经济、区域经济、生态经济等。

目　录

智慧城市论坛开幕式致辞

梁本凡*

非常高兴能够邀请到在座的各位专家、嘉宾、老师，还有同学们，共同研讨智慧城市，尤其是数字经济与智慧城市，这是一个非常重要的议题。

河南是中华传统文化圣地，郑州大学是河南人才的高地，世界正面临百年未有之大变局，AI 数字技术日新月异，在这个小麦即将成熟的季节，我们借郑州大学信息学院这块宝地举办本次论坛和盛会具有深远的现实意义，也具有历史意义。在此，我代表中国城市经济学会向这次论坛表示热烈的祝贺，对在座的各位代表、专家、来宾、老师和朋友们的积极参与以及辛勤准备表示衷心感谢！同时，也预祝我们这个论坛圆满成功！

---

* 梁本凡，中国社会科学院生态文明研究所研究员，中国城市经济学会副会长。

当前，数字经济席卷全球，数字要素、新质生产力、新质生产关系层出不穷，时代就像战鼓一样催人奋进。资产定价重置、国际财富大挪移、世界政经中心东迁西换等变化，给哲学、社会科学、人类科学、心理科学，包括智慧城市的发展带来了无限生机，也带来了巨大挑战。同时，也给在座各位的生活、工作、健康带来无限的机遇和挑战。关键是能不能抓住机遇、能不能开启智慧。

在这个变化的洪流和浪潮中，我一直在思考世界向何处去，未来世界如何发展，国家应该向何处去，我们全球化怎么走。还是搞世界工厂吗？挖矿吗？国家的产业向何处去，国家的经济向何处去？我们还要大力建设上千万人口规模的国际中心城市吗？我们在座的各位应该向何处去？我一直在思考这些问题。

今天，借这个智慧城市论坛我找到了正确答案，尤其是见到了几位专家，看到了未来的希望，我找到了答案、受到了启发，我们应该怎么做？我先说结论，然后论证，看我说得对不对，供在座的各位专家批评指正。第一，升维升维再升维。第二，觉悟觉悟再觉悟。第三，智慧智慧再智慧，这是讲个人。

世界应该怎么走呢？世界应该向数字文明升级，国家应该向数字文明转型，城市向数字文明发展，个人要摒弃愚昧的成见，开启无限的智慧灵光和灵光的智慧，这是我的答案。

我要重点解释一下什么叫智慧，简单地来理解就是望字生义、望文生义，造字的人在造字的时候有一个简单的想法，越简单、越原始，它的含义越本质、越朴素。你要了解智慧，首先要知道什么是知识。智慧是什么？智慧是知识的升华，知识不等于智慧，用于解决问题才是智慧。知识是什么？知识就是我们的眼、耳、鼻、舌、身体等感官系统对外界的感知和认识，感知形成了一个认识和反应，这就是知识，也就是人类的精神文明成果。

知识怎么能跟智慧相比呢？我们把知识搞清楚了，两个维度，一是人对外界的反应形成的认识，二是这个认识形成了文化、语言这些数据，它沉淀了，形成了论文，这就是知识，但这不是智慧。大学教育对学生的培养是给他们灌输知识，把学生当作一个计算机模型在不断训练，用有限的知识训练他们的逻辑思考、写作能力、怎么样变成人、遵守什么样的社会道德，无非就是训练他们干这些事，这是智慧吗？这不是智慧，还是知识的范畴。

把这个搞清楚了，我们才能知道什么叫智慧，智慧城市论坛，我们要把智慧搞清楚。智慧的"智"就是知识底下加一个"日"字，一个太阳，一个"知"。"智"是什么？"智"就是

"日"上的知识光环，这就是智慧。人脑如果不戴光环只是有知识，甚至连一个机器人都不如，有了光环他就有智慧，不是从外面来的，而是里面的反射。把认识作为材料，经过大脑加工以后不断串联、并联、组合、压缩、催化，变成新的东西，就像太阳射出了灵性的光芒，也就是我们的科技成果创新，这个东西就是智慧。

智慧具有新质性，它具有无限的价值，因为稀缺，用经济学理论来说没有人能够对其定价，它的定价弹性无限大，只要是现有知识就有可比性，它的定价弹性是有限的。所以，大家不要小看智慧，智慧掌握定价权。另外智慧就是闪光的知见。把陈旧的知识创新，它闪光了，产生了新的价值，有价值的信息、数据被挖掘出来以后产生了新的价值，这就是智慧。

我们谈了智慧以后，下面该怎么做？如何捕捉数字文明、数字发展给我们带来的美好机遇？习近平主席 2021 年提出来六句话，一是激发数字经济的活力，二是增强数字政府效能，三是优化数字社会环境，四是构建数字合作格局，五是筑牢数字安全保障，六是让数字文明造福世界各国人民①。我们今天

---

① 2021 年 9 月 26 日，习近平主席向 2021 年世界互联网大会乌镇峰会致的贺信。

这次论坛，就是全面深入贯彻落实习近平总书记这六句话的一个具体实践行动。

最后，我用几句话结束我的发言。我们这个论坛，希望能够给在座的各位达到这么一个目的，让我们的思维升华再升华，让我们不断地创造再创造，让我们不断地超越再超越，让我们不断地奉献再奉献，让数字和智慧充满整个会场，整个郑大校园，整个郑州城市，由此散发开来，充满整个国家、世界，谢谢！

城市治理现代化与智慧城市建设

汪玉凯*

非常高兴能够参加此次论坛，今天我和大家小范围分享一下《城市治理现代化与智慧城市建设》。尽管这个题目很大，但根据我对智慧城市建设过程的观察和思考，我想讲两个要点：一是理清智慧城市的发展思路，二是关注智慧城市建设的实践路径。

---

* 汪玉凯，中央党校（国家行政学院）教授，深圳创新发展研究院资深研究员，国家信息化专家咨询委员会委员，中国信息化百人会学术委员，国家市场监管专家委员会委员，中国行政体制改革研究会学术委员会副主任，中国数字经济联盟学术委员。

一 理清智慧城市的发展思路

(一) 智慧城市建设必须顺应城市现代化的发展趋势

中国现在很多地方建设智慧城市有很大的盲目性，首先应该顺应城市现代化这个大趋势，智慧城市建设要顺应什么样的现代化趋势呢？简单讲就是"三化"，即科学化、精细化、智能化，这是三个城市现代化的大方向。我国智慧城市建设如果离开"三化"，可能就会走偏方向。这"三化"有具体内涵，并不是三个空洞的口号，这"三化"要落实到下面四句话中，每个城市各不相同，用北京和县级市做比较显然差别很大，但是也有一些共性。一是要促进城市高质量发展。二是要保障城市高水平运转。前几年郑州市发生了大水灾，当时我们市刚建立了全国第一个智慧化下水道，没想到就在智慧化下水道里面发生这么大的灾难。三是提供高质量的公共产品。四是不断解决城市发展运转中的痛点和难点。不管是小城市、中等城市还是特大城市、超大城市，不管城市规模多大，在科学化、精细化、智能化的大背景下这四点是共性特征。

（二）智慧城市建设必须有明确的价值导向

智慧城市建设要有价值，要有人文关怀，而不是光建一些好看却不实用的高楼大厦，一场洪水问题都暴露出来。所以，要坚持"三性"，即人本性、公共性、协同性。

所谓"人本性"就是要以人民为中心，对城市建设来说就是要以"市民"为中心。十几年前我最早提出"五感"：便捷感、安全感、获得感、公正感、幸福感。这"五感"就是以人民为中心的智慧城市建设的第一价值导向，离开人一切都没有价值，没有意义。

所谓"公共性"，是指智慧城市建设政府要提供公共产品，要坚持"六个公共"。一是行使公共权利，二是代表公共利益，三是提供公共服务，四是维护公共秩序，五是承担公共责任，六是建立公共市场。

所谓"协同性"，指的是智慧城市建设绝不是单打独斗，需要各方面的协同。比如说政府、市场、社会共同推进智慧城市建设，现在通过大量购买服务来嵌入系统，你给我提供运行保障，我给你支付服务费。

（三）智慧城市建设必须面对中国快速城镇化进程中的新问题和新需求

智慧城市建设会面对新问题、新需求，而这个新问题、新需求很多时候和中国独特的城镇化道路相关。我下面讲三个观点。

第一，中国快速城镇化是一把双刃剑。我们用四十多年的时间走完了西方国家一百多年的城镇化道路，从1978年到现在每年城镇化率都在快速增长，现在城镇化率超过60%，快速城镇化缩短了中国城镇化的进程，也带来很多问题，是一把双刃剑。

现在有将近10亿人住在城市，中国社会已经是城镇化社会，这毫无疑问，城镇化率达到67%。但是，我们有1.8亿农民工不是城市市民，不享受城市市民的福利待遇，农民工子女上学、农民工就医和城市人不一样。它带来的问题是什么呢？中国城镇化没有自然走上城乡一体化的道路。我们原来试图通过中心城市发展带动周边农村最终走向城乡一体化的道路，但实际上不是，中国明显出现了大城市化的趋势，大量资源都向大城市集中，城乡差距不但没有缩小，反而扩大了。中国由"二元社会"演变成"三元社会"，本来中国是城市、农村两个板块，把所有中国人通过户籍制度固定在这两个板块里。现在户籍制度还没有完全改革并废除，但中国社会已经演变成"三元社会"，除城市人口、农村人口外，中间还有两亿人的特殊群体——农民工。城镇化的快速发展，客观上对农民造成了一定的伤害，我国城镇化快速发展过程中政府政策的公平公正性受到了社会的巨大质疑，我认为这是快速城镇化带来新问题、新需求的第一个表现。

第二，快速城镇化也给城市治理带来巨大的挑战。城市病、资源透支、环境恶化、交通拥堵、未富先老等问题层出不穷，政务服务和社会监管能力与公众对政府诉求之间存在差距，特别是在医疗、教育、养老、就业这四大民生问题上，安全隐患增加、社会管理相对薄弱、公众对政府公共服务的诉求越来越高，受到很多体制机制的制约政府提供的公共服务远远满足不了公众的需求。

第三，关于智慧城市建设。从 2008 年国家提出智慧城市建设以来，全国几百个城市都在推动智慧城市建设，住建部第一批推行建设的 90 多个智慧城市中，我作为评审专家负责东北三省和山东省智慧城市建设成效的评估，其中一共 15 个城市被评为首批中国智慧城市。我认为中国在智慧城市建设方面成就非常大，毫无疑问处在世界相对前沿的位置，但是我们也要看到智慧城市建设中确实暴露出很多问题。比如说重复建设造成浪费，企业为了拿单子在智慧城市建设中恶性竞争，不考虑效果，大量地级市、县级市建数据中心，服务监管与公众诉求还有较大差距，城市数字治理成为治理短板，投入产出比不高，缺乏统一的标准规范，法治滞后，等等。所以，智慧城市建设必须关注快速城镇化以后带来的新问题和新需求，如果说我国智慧城市建设不针对中国特殊的城镇化道路和城市治理现状，就智慧而智慧，那么确实可能达不到我们预想的效果。

二　关注智慧城市建设的实践路径

（一）破解智慧城市建设中的体制机制障碍

我觉得中国现在智慧城市建设中最大的障碍，不是技术问题，也不是资源不足问题，而是体制机制问题。我们注意到，在智慧城市建设过程中，城市普遍探索的智慧城市建设模式就是构建城市大脑，打造城市运行管理平台，通过创新建立适应数字化的体制机制。当然很多城市通过技术带动大量应用场景创新，构建了很多跨部门、跨系统的综合应用平台，这些都是有益的尝试，但是即使如此依然存在体制机制方面的巨大障碍。

我认为中国目前智慧城市的发展建设归结为三种模式或者说三种探索：第一种就是数字重庆的一体化统筹模式。首先介绍重庆的原因不仅仅是我最近刚刚立项有关重庆智慧城市建设的课题，更重要的是习近平总书记到重庆视察专门听取了数字重庆专项汇报，对重庆给予很高的期望，再加上重庆现在有一个在数字化方面能力非常强的书记袁家军，重庆搞数字经济建设的力度非常大，我正在准备组织团队到重庆调研。

重庆的模式我初步总结为：三级城运联动、高效统筹协同、六大应用融合、基于数据共享的一体化推进。具体来说，重庆打造了两个平台，一体化智能化公共数据平台、数字重庆智能化中枢平台，然后各级政府纵向贯通，各个部门横向协同，实现平台业务数据的三级联动，数字化与政治、经济、社会、文化、生态、党建六大应用深度融合，打通数据资源开发的堵点，最大程度实现数字经济的构想，一体化推进数字重庆建设。

第二种就是扁平化的数字城市建设模式。我举两个例子，一个是东莞模式，一个是龙港模式。东莞是广东省的一个地级市，是人口超过一千万、产值超过一万亿的"双过万"城市。这个特大型城市到现在仍然保持两级治理，东莞市下面没有区、没有县，东莞市委、市政府直接管辖 32 个街镇。他们的主要做法是"资源下沉、数据上移、打通堵点、一网治理"。一是资源下沉，把资源尽量往 32 个街镇下沉。二是数据上移，数据相对集中到市委、市政府。东莞统筹资源，构建网络平台和数据平台，将数据往上集中，这为促进数据的流动、数字政府建设起到很大的支撑作用。三是打通堵点。数据要流动、使用、共享就必须打通横向部门和纵向层级的数据堵点。四是一网治理。在没有区县管理层次、地方实现两级治理的情况下，一网治理示范效应明显。

下面谈一谈龙港模式。龙港市是国务院 2009 年批准的唯一一个镇改市示范点，理论上它是一个拥有 36 万人口的大镇，国务院批准 500 个行政编制，赋予它县级市的管理职能。面对这样一种镇改市的国务院试点，龙港市进行了一个大的创新，按照扁平化、大部制、低成本、高效率这样的思路建设龙港市，数字化和行政变革双轮驱动。东莞市没有区，市委、市政府直接管 32 个街镇，而龙港市是没有街道和乡镇，市委、市政府直接管辖 102 个社区。他们把若干个社区联合起来成立一个联合社区党委和联合社区政府服务中心，实现扁平化治理。两年以后龙港市发生了大的变化，人口由 36 万人变成 48 万人，增加了 12 万人，龙港市三项主要经济指标都处于温州市的前三位。这么少的党政机构，不但没有影响它的经济社会治理，也没有影响它的经济社会发展。

而相反，陕西陕南有一个佛坪县，党政机构设了 37 个，这个县的机构数量几乎是龙港市的三倍，但佛坪县人口 2.6 万人，龙港市人口 48 万人，当然佛坪县域面积很广，地广人稀，处在秦岭山区，但也足以说明数字化建设中它没有解决根本性的问题，没有从结构的扁平化治理方面和大幅度减少人员方面产生效益，这是我们数字化治理的最大败笔，以上是第二种扁平化的智慧城市治理方式。

第三种是以地级市统筹的南通模式。南通模式是以城市指挥中心全部调度城市为特点的治理，这也是一种新的模式，前年我参加了国家发改委组织的一个调研队，到南通调研以后我给予南通很高的评价，这两年我在很多论坛上都提到南通经验。南通市设立城市治理现代化指挥中心，做到数据共享、预测研判、联动指挥、行政问责，形成市区县一体化的"五个一"智慧城市建设模式。一是一个机构管全域。南通市把网格中心、大数据局、12345 市长热线三个机构合并成一个机构，由市委副秘书长挂帅统一指挥。二是一个号码管市委，12345整个融为一体。三是一个 App 管服务。四是一个平台管治理。五是一支队伍管执法。"五个一"智慧城市建设模式，其应用范围覆盖到社会、经济、政治、文化、生态的全领域。我为什么关注模式？这是智慧城市建设的结构问题，我们不要仅仅聚焦小细节，更要关注大问题。

（二）以解决民生问题为突破口创新跨部门应用场景，打破部门壁垒

以公共服务、政务服务为纽带，以民生问题为抓手，围绕医疗、教育、社保、就业、养老、保障性住房、应急等问题，构建城市跨部门应用系统，实现从"三难"到"三通"再到"三跨"的目标性跨越。"三难"就是互联互通难、业务协作难、数据资源共享难。"三通"就是数据通、业务通、网络通。"三跨"就是跨层级、跨部门、跨区域的一网通办。

（三）实施"数字要素×人工智能+"行动计划，赋能城市数字经济发展和城市治理

数字化时代有可能变成数智化时代，因为数字化、网络化、智能化不是一个齐头并进的发展过程，而是数字化和智能化深度融合的发展过程。我认为数智化正在到来，它正在改变人类社会发展的动力，数字成为经济增长的新动力，互通共享成为经济增长的新价值，数智化几乎无处不在，政府、企业、

医院、学校、家庭，没有任何一个主体可以游离于数智化之外。数智化正在成为新的评价标杆，可以用数字基础设施、数字产业形态、数字消费者、政府在线服务、社会数字化率这五个维度评价一个政府、一个国家。

从互联网+发展到人工智能+，国家为什么又提出"数字要素×"？数字要素的特殊属性决定了它在数字中国建设中的特殊地位。在技术上数字要素有四个特征：一是虚拟性，不像其他资本是实体的，数字要素是虚拟的。二是不递减，数字要素是可以倍增的，不像其他资源越用越少，数字要素是越用越多，可以倍增放大。三是依赖性，数据资源必须依赖技术，依赖算法、人工智能、大数据、区块链，如果不依赖技术，数据资源实际上是发挥不了作用的。四是快速性，它可以快速处理海量数据。比如最近刚刚发布的 ChatGPT4o，4o 在人机对话过程中的延迟缩短到 238 毫秒，说明人机对话过程中的延迟和正常人对话是一样的，也就意味着它的反应速度和正常人是一样的，直观地说就是你一问它马上就可以做出回答。这是我们看到的结果，它后面的逻辑是海量数据的处理，没有海量数据的处理能力语言大模型不可能反应如此迅速。

智慧城市建设如何把"人工智能+"和"数字要素×"结合起来？数字要素在经济上有四个特征，非竞争、不排他、规模性、价值性。在智慧城市建设过程中，要加强数字基础设施统筹，通过改革加快数据资源的开发利用和共享。我认为当下数字要素的市场化配置已经走偏了方向，固然数据资源市场化配置是一个很重要的手段，但绝对不是数据流转的唯一手段，现在这个走向似乎有点偏移，大家一定要高度关注。

我们常常讲数字要素资源有 13 个应用领域，包括智能制造、现代农业、科技服务、交通、医疗、应急、智慧城市等等，但超过整个数据资源的 70% 的公共数据应该如何处置？自然资源部（原国土资源部）所有数据、文化和旅游部数据、教育部整个教育资源都由政府掌握着，这些公共数据都要拿到市场上卖钱吗？显然不可能。

前几天清华大学有一个论坛在讨论我提出的"四化"，即数据要素的流动化、数据要素的社会化、数据要素的产业化和数据要素的市场化。我把市场化放在最后一个环节，坚持数据要流动，不流动产生不了价值的观点，但是流动的方式有很多，开放度越高，数据开放得越多，数据社会化功能就越强，老百姓获得的数据也就越多，天气预报、交通出行信息就不需要花钱买了。下面是数据产业化的问题，商业数据通过市场交易是没问题的，甚至个人数据经过授权以后也可以拿到市场上交易，唯独公共数据不能全部拿去交易。所以，我说要按照这

"四化"逻辑来建立数据的基础制度，而不是一味地强调数据市场化的问题。

前不久北京信息化百人会也组织了一个内部论坛，讲数据价值网络，包括数据需求方、数据供给方、数据交易方、数据交易服务方与数据基础制度保障方。整个数据市场化配置的这五大主题中，最难的就是数据产权、数据安全和数据产生价值的分配三大主题。

（四）营造智慧城市建设的良好生态

借助三种力量，即政府、市场、社会的力量推进智慧城市的发展。政府要为智慧城市建设营造良好的生态，包括法治、规划、战略、制度、规范、标准、人才培养、网络安全、数据安全等保障体系。要发挥市场的力量，利用民营经济推动数字经济发展和智慧城市建设。政府要定位好自己的角色，绝对不能越俎代庖，在整个智慧城市建设中政府有很大的话语权，但是绝对不能替代市场的力量和社会的力量。

信息化与数字化到底谁化谁?

*李广乾**

《信息化与数字化到底谁化谁?》是我 2023 年年底发的一篇内部工作报告,该报告受到领导批示,里面提出的一些观点受到重视。后来工信部部长专门请我做了一次专题汇报,下面就是给工信部汇报的 PPT,主要内容也已经在人民日报论坛上发布。

一　当前有关数字化和信息化的错误认知

我写这篇文章的初衷是想解决当前社会关于数字化与信息化的概念满天飞、帽子到处转等问题,在参加有关规划和文件

＊　李广乾,国务院发展研究中心研究员。

起草的时候，很多同志都认为这些概念我们自己都不清楚，信息化、数字化到底应该如何认识？每一个人都在下定义，但是都无法自圆其说。

围绕这个问题，经过了三年的研究，终于把认知问题提炼清楚，也可以做出符合逻辑的解释。现在无论是政策还是国家文件里面这个问题都没有明确提出。

怎么认识这个问题呢？为此我专门做了研究，当前的错误认知可以概括为三个方面。第一，平行论述。人们在谈论这两个概念的时候说不清楚，就不去辨别，分别论述，相互之间会出现很大的分歧。第二，刻意回避。知道说不清楚，但是也不去挑明。第三，厚此薄彼。这种情况很多，认为信息化过时了，所以大家都说现在是数字化时代，信息化不行了，甚至说数字化是信息化的高级阶段。但是，怎么说都是矛盾的，从历史来看就无法说清楚，别说是普通的老百姓，就算是学者乃至政府文件里也有各种不同的说法，相互之间存在矛盾。

这个混乱造成了三个严重的后果：一是全社会认识不统一；二是各地政府工作部署不清楚，有些地方为此打架；三是无序的状态严重冲击了国家战略的严肃性，国家重大文件都说不清楚，只会让大家更加困惑，所以，该问题特别严峻，需要从历史上、理论上去认识。

二　具有中国特色的信息化认知框架

　　为了认识这个概念，我们首先要回顾历史上是怎么认识的。信息化这个概念最早是由日本学者提出来的，1997 年中国从国家层面引进信息化这个概念，构建了一个中国信息化认知的框架，可以称之为"六要素"，实际上应该是"七要素"。1997 年国家在"七要素"基础之上构建了一整套信息化应用推广的政策和组织机制，从那时开始，信息化管理在理论、政策和地方实践方面形成了配套体系。

　　2002 年，国家信息化领导小组发布了 17 号文件，开启了电子政务的热潮。刚才谈到的"六要素"再加上信息网络安全，因为提这个概念的时候信息网络安全的概念还没出来，而现在已经是一个重大问题，所以应该加上，变成"七要素"（见图 1）。现在从整个发展来说，无论是信息经济、数字经济还是其他经济都在这七个要素里面，即使是云计算也是这样。最近三十年，中国经济飞速发展，从购买力平价来看，中国2017 年就已经超过美国，取得这么大进步跟我国信息化科学的组织管理架构和认知架构有密切的关系，所以信息化是中国发展红利的一个重要方面。

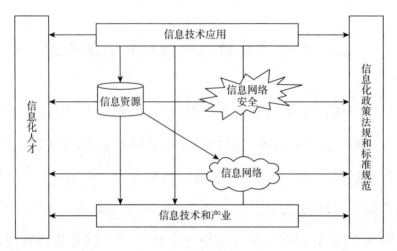

图 1 信息化"七要素"

三 新一代信息技术并未改变
信息化的本质属性

信息化在新一代信息技术的影响下发生了重大的改变，可以把它叫解构，这个解构有四种作用：第一，新一代信息技术基于信息生命周期重构信息化建设的模式，可以概括为信息化原模型。第二，信息化发展呈现重资产、轻应用的趋势，而且在不断增强。我把信息化建设分为重装部分和轻装部分，重装部分和轻装部分是原来信息化建设的分工分化，使整个社会信息化发展产业链更长，分工更加明晰，这对经济的发展产生了重大影响，这也是信息化得以突飞猛进的一个特别重要的方面。在这个过程中出现了两个特征，一是跨界融合，二是信息化渗透到各行各业。在综合作用下，信息化转变为轻装信息化，当然这个轻装包括了信息化建设轻装和重装两个部分，使其从硬件上来讲呈现轻装的属性。第三，信息化出现了新型基础设施。云网台，传统信息化建设的各个方面的"六要素"以这种新的形式来呈现。第四，整个经济发展的沙漏化现象日益严重。所谓沙漏化就是整个社会往往被某些领域所控制，以前说七十二行行行出状元，但是现在有一个行业是大家都需要、都离不开的，那就是信息化。所以，信息化一夫当关万夫莫开的特征非常明显，这也就出现了新型基础设施，传统的基础设施仍然存在，但是在数字经济条件下出现了新型基础设施，而且这个基础设施各行各业都离不开，下面这张图（见图2）对刚才汇报的内容做了一个概括。

四　信息化一直是国家的重要发展战略

信息化的作用越来越强，观察长期以来的发展趋势，信息化始终是国家重要的发展战略。

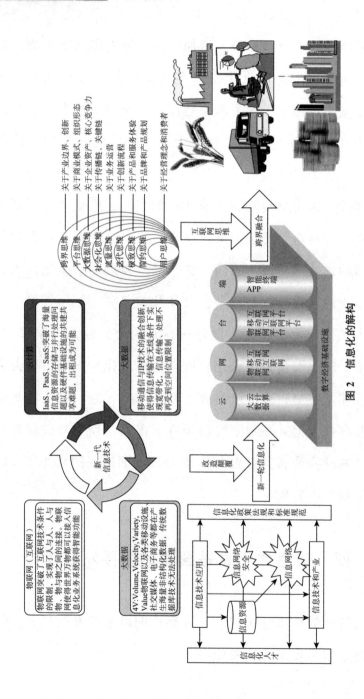

图 2 信息化的解构

第一，建立了科学合理的信息化认知体系。一是信息化定义的中国化，二是信息化认知的系统化。

第二，信息化与国家经济社会发展紧密结合。"两化融合"的概念自提出以来，被迅速落实到具体的政策当中。中央文件对于"两化融合"的认知是不断深化的，2002年党的十六大提出了"相互协同"，而且还提出新型工业化，新型工业化其实就是"两化融合"的具体表现，党的十七大提出了"相互融合"，就是"五化并举，两化融合"，党的十八大是"深度融合"，后来又以别的方式来强调信息化的重要性。

第三，建立了一整套信息化的管理制度、管理体系。在信息化作用下，我国经济取得了巨大的成功，国家经济规模加速扩展。

第四，习近平总书记高度重视国家信息化发展战略，反复强调没有信息化就没有现代化，没有网络安全就没有国家的安全。党的十八大以来，党中央、国务院重构了我国信息化领导组织架构，成立中央网络安全和信息化领导小组，后来改为中央网络安全和信息化委员会。2016年对2006年的《2006—2020年国家信息化发展战略》进行调整，发布了新的《国家信息化发展战略纲要》。在这两个国家信息化发展战略制定中我都作为协调组专家参与编写工作，对有些内容还专门做过论述。2021 年 12 月 27 日中央网信办发布了《"十四五"国家信息化规划》，中央网信办为了协调这个规划还专门召开了会议，成立了中央网信领导小组"十四五"专家委员会，我也有幸成为这个委员会的成员，当时有 28 个总体组的专家，里面有十多位院士，对信息化的认知做了新的论述。这些文件、政策、指示都是我们当前认识和理解国家信息化发展战略的出发点。

五　明确信息化和数字化之间的关系

了解了信息化和数字化的概念以后，怎样明确它们之间的关系，是接下来需要解决的又一问题。

第一，信息化技术是中性的。早期的信息化强调物理、化学的感应技术，特别是无线通信技术对于人类社会生活和工业生产巨大的价值和作用。20 世纪 90 年代开始，随着数字技术日益超越模拟技术，人们开始强调数字技术对于信息化发展日益重要的作用和地位，此后数字技术一直主导我国信息化的发展。近年来，量子技术的快速发展正被赋予厚望，量子计算、量子通信技术不断取得新的进展，信息化这方面的作用也不断呈现。

第二，基于信息化、工业化相互融合，定义数字经济、数字中国的基本属性。上面我也谈到，党的十六大、十七大、十八大都是从"两化融合"去表述，当前虽然没有这么表述，但是从工作基调上讲仍然是"两化融合"的思路。回顾历史，人类社会工业化经历了三百年时间，也有不同主导的技术阶段，先后经历了蒸汽机技术、电力技术、核能技术等发展阶段，信息化也应该会经历作为主导技术的发展阶段。对比工业化的发展阶段，信息化也应该会对信息化战略、数字经济的发展提供一个对照体系。

第三，结合我国工业化尚未完成的历史特性探索我国数字经济发展道路。当前，我国已经进入了信息化的数字经济阶段，在这个过程中怎样发展数字经济？仍然要基于我国社会发展的特殊历史阶段，因为我国工业化仍然没有完成，尽管我国工业规模居世界第一，工业门类世界最全，但是工业化仍然有待发展成熟，特别是形成新时期的工业文明仍然是需要研究的课题。从这个意义上来讲，对于信息化的发展和数字经济的关系要重新认识和布局。

下面这张图（见图 3）总结了刚才讲的内容，前面讲到把信息化看成和工业化相对应的概念，工业化有三百年的历史，信息化作为跟它对应的人类新发展阶段应该也是一个长期的历史过程，工业化经历了不同的技术主导阶段，信息化也应该会经历技术主导阶段。我把信息化的人类发展阶段初步划分为三个历史阶段，第一个是模拟信息技术阶段，主要是指 21 世纪之前一段时间，当前正在经历第二个阶段即数字技术阶段，这个阶段仍然处在旺盛的发展时期。第三个是量子技术阶段。当前，量子技术也开始展现出来，但是它对经济社会的作用还处在特别原始的阶段，商业化还没有真正实现。根据有关科学家预测，20 年之后量子技术能够在全社会商业化就是非常快速的进展，从这个意义上，我国到 2040 年、2050 年能够进入量子技术时代就是相当不错的了。在这个过程中，数字技术应该主导当前信息化的发展阶段。

如果把信息化跟数字化做历史层面的对比，就能够比较容易地辨别信息化跟数字化之间的关系。从这个意义上，把数字经济看作信息化的数字技术发展阶段，就是数字技术不断创新发展的信息化发展新阶段，如果这样论述这两个概念之间的关系就比较合理，也符合我们的历史认知过程，从技术上也更能够涵盖各种不同的发展阶段。有关信息化的这些认识，对当前的认知其实也具有深刻的含义和政策的启示。历史上，日本的信息化从模拟技术向数字技术转变就有所欠缺，20 世纪 90 年代出现了日本企业收购美国企业的现象，但是很快随着数字技术的不断发展，美国在数字技术上的领先地位很快就超越日本。

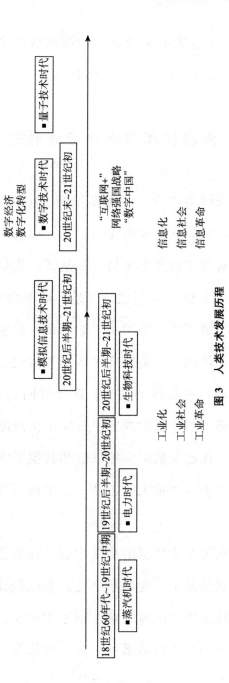

图 3　人类技术发展历程

从这个意义上，有关对信息化发展阶段的认知也可以用当前国际社会的发展经验教训去深化已有的认识。

六 信息化和数字化应该怎么认识

构建了认知框架之后，还需要把两者的关系进一步明确，应该怎么认识国家信息化战略呢？

第一，更新国家信息化架构。一是新一代信息技术创新发展及产业化出现了很多新变化。二是产业革命出现了新内容，当前讨论较多的第三次、第四次工业革命，其实都是基于对新的信息化架构的认识。三是经济社会变革出现了新的内容，可以从五个方面谈这些具体的变化，限于时间关系就不展开了。四是制度的变革，当前我国提出了数字中国战略以及数据要素新的理论思想，在这个数字中国战略和数据要素新的理论思想下制度也要相应地做出重大的创新，这里面仍然有许多问题需要去研究。

第二，明确数字化转型的基本内容。涉及数字化转型有很多种情况，特别是基于当前的数字化我们已经谈了几十年，这次转型有它的特定历史内涵，这个就不细谈了。数字化、数字经济和数字化转型具体包括哪些内容？我认为可以从以下八个方面来说明：一是数字经济主导技术，二是数字经济基础设施建设，三是数字经济数字技术的来源，四是数字经济建设主体，五是数字经济发展要素，六是数字经济发展方向，七是数字经济发展环境，八是数字经济发展伦理。转型每一个部分都有相应的内容，需要不断深化和发展，以新一代人工智能为典型特征的发展对传统伦理带来巨大的颠覆，这也可以看成数字化转型的一个重要方面。

以上就是我对这个问题的研究，提出了一些新认识，也希望这个认识能够为全社会理性看待信息化与数字化提供一个好的理论框架。

智慧城市大模型应用新范式

张成文 *

我的研究方向是大模型技术的研究和应用，从 2022 年 11 月开始到现在已经有一年多时间，大模型技术可以说是人工智能技术的拐点，能成为拐点说明这个技术已经属于非常了不起的存在。现在这个技术创新能力非常强，在智慧城市里面应该怎样应用？归纳起来有五大要素。

一 大模型技术应用的五大要素

第一，数据。刚才汪老师也讲到一体化，大模型的概念就是把所有数据集中起来形成智能，所以它对一体化数据具有天

---

* 张成文，北京邮电大学计算机学院副研究员，中国人工智能学会高级会员。

然集中的特点。另外，对于数据质量的提高它也可以发挥很大的作用。

第二，模型。大模型规模非常大，势必会产生一些深层的智能。

第三，算力。虽然说我们国家在算力方面被国外"卡脖子"，但是后面我会跟大家说明中国确确实实在算力方面是一个强项。

第四，场景。智慧城市是一个很大的场景，需要考虑安排先做后做的顺序。

第五，生态。生态包括两个方面，一个是技术生态，另外一个是智慧城市建设生态，这个在大模型应用的时候都会相应地发挥一些非常好的作用。

二 大模型技术演进的两大特点

大模型技术的演进，可以归纳成"两个快"，一个是技术发展快，另一个是应用速度快。第一，技术发展快。暂且不提过去两年的发展，仅仅是 2024 年大家看到的能达到天花板能力的大模型几乎两周到一个月就会出现很多，耳熟能详的，比如 Sora 生成视频，一直到出现通过端到端的训练实现语音聊天，就是多模态进去，然后统一进行处理，最后形成多模态，这绝对是一个颠覆性技术。其中有一些开源的，比如说 ChatGPT、Llama3，还有马斯克花 3000 多亿美元开发的 xAI，过一段时间，4000 多亿美元开发的也会出现，包括我们国内的 Kimi，技术眼花缭乱、层出不穷，发展非常快。第二，应用速度快。我国在技术应用方面还是非常有优势的，通过移动互联网我们积攒了很多场景和数据。2024 年 3 月底有一百多个备案，这仅仅是可以开放给公众的，没有备案的我觉得不止是"百模大战"，应该是"千模大战"，现在的模型非常多。这两点都说明现在大模型时代的发展情况，另外还可以用一个"卷"字来形容。

刚才汪老师讲了，有一些场景和一体化的案例，都可以通过以大模型为核心的数智融合来实现。智慧城市就是一个大箩筐，所有技术都可以放进来，都有它非常好的应用场景。但是，大模型技术出现以后所有的局势就发生了质的改变，因为大模型就是一个大脑，之前的城市大脑并不太好用，主要还是受限于技术，因为以前的模型是卷积神经网络 CNN 模型，起不到城市大脑的功能效果。但是，大模型就有所不同，大模型可以把一体化所有的数据吸收，而且不会出现耦合问题，也就是说它的泛化能力非常强，可以发挥作为指挥中心或者城市大脑的作用，有了这样一个智能大脑就可以对物联网、互联网、5G 等多模态信息进行高效处理，形成更多的智能，这就相当于把原来的数据进行了充分的利用，而且它可以实现跨领域、跨地区的智能互联互动。大模型不仅仅可以在数据中心发挥它的智能，在所有环节也都可以发挥它的作用，所以 5G、6G 也把大模型作为它的一个核心技术。另外是数据要素，有了大模型以后，这些数据要素可以真正发挥要素生产力作用，真正实现数据驱动，这些都会带来革命性的改变。最后，大模型作为一个创新型的基础设施，它非常智能，大家在这上面可以充分发挥想象力，形成新的模式和新的产业。

三　大模型技术应用的六个范式

第一，多模态。通过前面给大家展示的 2024 年 2 月以来的世界顶级的大模型，可以看到多模态已经来到我们身边。多模态指的是多个模态的声音、图像、数据输入进去以后进行本地处理，产生多模态的输出，这对智慧城市的建设是一个质的飞跃。

第二，小型化。促进创新的另外一个驱动力就是小型化，在智慧城市的建设场景当中有些可以用云计算数据中心的大模型进行统一的智能计算，但是更多场景下需要一个实时计算，这个实时可能就是在生产场景的现场，就是小型化。比如在PC或者手机上用大模型产生一些智能化处理，这已经成为一个现实。

第三，协同。人工智能2.0就是大模型，以前1.0就是小模型，但是大模型不能完全替代小模型，要充分利用小模型投入的时间、精力和资金，大模型在有些场景取代不了小模型发挥的能力，因为小型资源消耗不是很大，运算时间很快，和大模型正好形成互补。

第四，具身智能。具身智能已经提了很多年，但是有了大模型以后具身智能才会更加智能，而不是"智障"。

第五，智能体。智能体是大模型的未来，我们希望拥有的不是一个大模型，而是一个以大模型为核心的系统，这个系统就是由智能体构造的。

第六，检索增强生成（RAG）。RAG是为了弥补大模型的不足，我们知道大模型本身就像一个数据库，你把数据提供给大模型别人轻而易举就可以查到这个数据，但通过RAG就可以提高隐私的安全性。

四 智慧城市的发展目标

第一，自然语言推理（NLI）。对于语音、文本的输入，大模型对自然语言处理得非常好，目前我们所有的信息化、数字化产品都是通过学习系统来实现功能，但是这并不是目标，目标还是强调以人为中心，让系统学用户，而不是用户去适应系统，有了这个 NLI 自然语言接口以后，局面就会改观。另外，用户通过鼠标点击是一个离散的输入，并不能完全代表用户的一些想法。为什么会有很多算法推荐系统、大量数据的挖掘？正是因为这些离散输入，必须通过大量数据来获取某个人的个性化数据。现在有了自然语言处理以后，用一段话来充分表达用户的意思，这就是一个连续的逻辑输入，这意味着无论是界面还是后台的推荐系统、数据挖掘都会变得非常简单，用户体验也会非常好，这对智慧城市绝对是一个质的飞跃。

第二，智能体。可以通过智能体实现大小模型的互补，我们不能试图用一个大模型把所有事情都搞定，一定是一个城市有一个城市的大脑，然后各个区域有自己的大脑，各个领域有各自的大脑，从而实现一个群脑智能系统。通过大模型的网络统一向用户体现智能。此外，还有云边端的一体化协同，比如智慧驾驶等生产的终端设备和边缘计算，再和云计算去协作，使智慧城市的智慧能力、实时性和数据安全性都会得到很大的提升。

大模型智慧城市应用三部曲。城市大脑建设不是一蹴而就的。数字化转型是有代价的，它要推翻原有的，建设新的，这肯定会带来很多开销，这个开销对于一个企业、一个城市目前的经济发展阶段是不是适合，需要有规划，但是可以先把它作为一个智慧工具来用。比如可以在一个功能点上，通过大模型让这个功能点上面的能力有所提高，然后再"喂"大量的数据，使它能够了解用户的个性化需求，作为智慧助手，实现数字化转型和智能化改造，最终实现基于人工智能原生业务的创新和流程的创新。

刚才刘治彦老师也讲到了我们所做的事情一定是多个领域的专家通力合作才能做好，不仅需要技术方面的加持，还需要各位经济学家、人文学家，以及其他业务领域专家的专业知识。所以，必须有一个平台，专委会成立就是一个非常好的平台，还有两个平台，一个是中国电子商会成立的大模型应用产业专委会，还有一个隶属于中关村人才协会大模型人才专委会。不是说顶级的大模型技术才好用，就像汽车一样有顶配、中配，也有低配，各个配置都有不同的应用场景。所以，现在需要大家一起"智源齐说",技术专家、经济专家、法律专家一起推进大模型智慧城市的建设。

专委会构建的框架,技术非常先进,场景也有很多需求,但是问题在于怎样把供需结合起来,这是一个传统问题,也是现阶段的痛点。所以,可以在"智源齐说"公众号上宣传大家的供和需,从而让大家在这一个平台上能够迅速发现对方。同时,还有一个工具使用体验分享大赛,这个大赛是轻量级的,现在很多领域都认为大模型的到来可能会导致失业,岗位会消失,所以大家对大模型有所抵触。另外,大模型发展迅速,有大量的算力和大量的数据,不知道应该怎样应用,实际上这些都不是问题,大模型可以做很多事情,将体验分享,大家一起讨论交流,一起碰撞,这样才有继续做下去的可能。

我今天的汇报就到这里,谢谢大家!

数据是智慧城市建设的核心要素

江　青[*]

随着城市化进程的不断加快和科技的飞速发展，智慧城市作为一种全新的城市形态和发展理念，逐渐在全球范围内兴起。智慧城市通过综合运用现代信息技术，如物联网、云计算、大数据等，实现城市各项功能的智能化、网络化、信息化，从而提升城市运行效率、改善居民生活质量、推动经济社会可持续发展。

数字经济时代，数据在智慧城市建设浪潮中被赋予了前所未有的重要性。作为智慧城市建设的核心要素，数据不仅承载

---

[*] 江青，高级公关员，中国（西安）丝绸之路研究院"一带一路"大数据研究中心研究员，中南财经政法大学 MBA 合作导师，中国教育大数据研究院副院长，中国统计信息服务中心（国家统计局社情民意调查中心）大数据研究实验室主任，中国统计信息咨询中心执行主任，首页科技创始人。

着城市运行的点点滴滴，更彰显出推动城市治理现代化、服务精准化的关键作用。

本文将从数据的定义与价值出发，深入探讨数据在智慧城市建设中的基础作用，分析数据驱动下的智慧城市架构，并就如何提升数据质量、确保数据安全、实现数据共享与开放等问题提出建议，以期为未来智慧城市建设提供参考。

一 数据的定义与价值

（一）数据的定义及类型

数据，简而言之，是对客观事物或现象的数字化或符号化表示。它可以是定量的，如温度、湿度、人口数量等；也可以是定性的，如交通拥堵等级、空气质量指数等。在信息时代，数据已经成为一种重要的资源，其价值在于能够为我们提供关于世界的洞察和理解能力。

根据来源和性质的不同，数据可以分为多种类型。在智慧城市建设中，常见的数据类型包括结构化数据、半结构化数据、非结构化数据。

结构化数据：这类数据具有明确的格式和结构，如数据库中的表格数据。它们易于存储、查询和分析，是智慧城市建设中许多信息系统的基础。

- 结构化数据样例

数据库表格数据

用户 ID	姓名	年龄	性别	地址
1	张三	30	男	北京市朝阳区
2	李四	25	女	上海市浦东新区
3	王五	35	男	广州市天河区

电子表格数据（如 Excel）

日期	销售额（元）	客流量（人次）
2023-01-01	10000	500
2023-01-02	12000	600
2023-01-03	9000	450

半结构化数据：这类数据介于结构化数据和非结构化数据之间，具有一定的格式但不够严格，如 XML、JSON 等格式的数据。在智慧城市中，半结构化数据常用于描述复杂的事件或对象。

● 半结构化数据样例

XML 数据

```
<员工>
<姓名>张三</姓名>
<年龄>30</年龄>
<部门>
<名称>销售部</名称>
<楼层>3</楼层>
</部门>
</员工>
```

JSON 数据

```
{
"姓名"："李四"，
"年龄"：25，
"联系方式"：{
"手机"："1234567890"，
"邮箱"："lisi@ example. com"
}
```

非结构化数据：这类数据没有固定的格式和结构，如文本、图像、音频、视频等。虽然存储和处理相对复杂，但非结构化数据包含丰富的信息，是智慧城市建设中不可忽视的数据来源。

● 非结构化数据样例

文本数据

今天天气很好，阳光明媚，适合外出散步。公园里人很多，大家都在享受这难得的好天气。

图像数据

音频数据

录音文件，如某人的讲话、音乐或环境声音等。

视频数据

视频文件，如监控摄像头拍摄的画面、电影片段或用户上传的短视频等。

（二）数据在智慧城市建设中的价值体现

在智慧城市建设中，数据的价值主要体现在以下几个方面。

提高决策效率。通过收集和分析各种数据，政府和企业能够更准确地了解城市的运行状态和居民需求，从而做出更科学、更高效的决策。例如，分析交通流量数据，可以优化交通信号灯的控制策略，减少拥堵和排放。

优化资源配置。数据可以帮助我们更精确地掌握资源的分布和使用情况，实现资源的优化配置。例如，分析用水量和用水习惯的数据，可以制定合理的供水计划和节水措施，提高水资源的利用效率。

提升公共服务水平。对数据进行分析和挖掘，可以发现公共服务中的不足和问题，进而改进服务质量和提升居民满意度。例如，分析医疗资源的分布和使用情况，可以优化医疗服务的布局和流程，提高医疗服务的可及性和便捷性。

促进创新驱动发展。数据是创新的重要源泉之一。对海量数据的分析和挖掘，可以发现新的规律、趋势和机会，为科技创新、商业模式创新等提供有力支持。例如，分析消费者的购物行为和偏好数据，可以开发更符合市场需求的产品和服务。

综上所述，数据在智慧城市建设中发挥着至关重要的作用。只有充分认识到数据的价值并合理利用数据资源，才能推动智慧城市建设不断向前发展。

二 数据驱动下的智慧城市架构

在智慧城市建设中，数据如同城市血脉，流动在城市的每一个角落，为城市智能化提供源源不断的动力。而数据驱动下的智慧城市架构，可以大致划分为以下五个层次：数据感知层、数据传输层、数据处理层、数据应用层和业务服务层（见图1）。

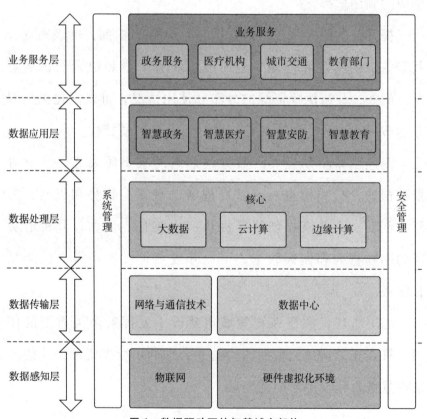

图1 数据驱动下的智慧城市架构

（一）数据感知层：物联网技术与应用

数据感知层是智慧城市架构的底层，主要负责数据的感知和采集。物联网技术是这一层的核心，通过部署各种传感器和设备，如摄像头、温度计、湿度计、空气质量监测仪等，实时感知城市环境的各种信息，并将其转化为可传输和处理的数据。

物联网技术的应用范围非常广泛，在智慧交通、智慧环保、智慧能源等领域都起到重要作用。例如，在智慧交通中，通过部署在道路上的传感器和摄像头，可以实时监测交通流量、车速、车辆类型等信息，为交通管理提供决策支持；在智慧环保中，通过空气质量监测仪和水质监测仪等设备，可以实时掌握城市的环境质量状况，为环境保护提供数据支撑。

（二）数据传输层：网络与通信技术的发展

数据传输层是智慧城市架构的中间层，负责将感知层采集的数据传输到处理层。这一层的核心是网络与通信技术的发展，包括有线网络、无线网络、移动通信网络等。

随着 5G、6G 等新一代移动通信技术的不断发展，数据传输的速度和稳定性得到了大幅提升，为智慧城市的数据传输提供了有力保障。同时，各种网络协议和标准的不断完善，也使不同设备和系统之间的数据传输更加顺畅和高效。

（三）数据处理层：大数据、云计算与边缘计算

数据处理层是智慧城市架构的核心层，负责对传输层传输来的数据进行存储、处理和分析。这一层主要依赖于大数据、云计算和边缘计算等技术。

大数据技术可以对海量数据进行高效存储和快速处理，挖掘出数据中的价值和规律；云计算技术可以将计算资源虚拟化，提供弹性可扩展的计算能力；边缘计算技术则可以将部分计算任务下放到网络边缘，降低数据传输延迟，提高处理效率。

这些技术的结合应用，使得智慧城市可以处理和分析海量数据，为城市的智能化提供强大支持。例如，在智慧医疗中，通过对医疗大数据的分析和挖掘，医生可以发现疾病的发病规律和传播趋势，为疫情防控提供重要依据；在智慧能源中，对能源数据的实时监测和分析，可以实现能源的优化调度和节能减排。

（四）数据应用层：智能决策支持与服务创新

数据应用层是智慧城市架构的重要层，负责将处理层处理

后的数据应用到实际场景中，为城市的智能化提供决策支持和服务创新。

在这一层中，各种智能化应用和服务不断涌现，如智慧政务、智慧教育、智慧医疗、智慧安防等。这些应用和服务都是基于数据的分析和挖掘实现的，可以为市民提供更加便捷、高效、个性化的服务体验。例如，在智慧政务中，市民可以通过手机或电脑随时随地办理各种政务服务事项；在智慧教育中，教师可以通过大数据分析了解学生的学习情况和需求，制定个性化的教学方案；在智慧安防中，警方可以通过视频监控和数据分析快速定位打击犯罪行为。

（五）业务服务层：以数据驱动的业务优化与创新

业务服务层是智慧城市架构的重要组成部分，它直接面向城市管理者、企业和市民，提供以数据驱动的业务优化与创新服务。这一层将数据处理层分析得到的结果转化为实际的业务价值和行动指南，推动智慧城市各领域的持续发展和创新。

在业务服务层中，数据成为优化业务流程、提升服务质量、创新业务模式的核心要素。例如，在城市规划领域，通过对历史数据和实时数据的分析，可以预测城市发展趋势，为城市规划者提供科学依据；在智能交通领域，利用大数据和人工智能技术可以实时优化交通信号灯控制策略，减少交通拥堵；在智慧零售领域，通过对消费者购买行为的分析，可以实现精准营销和个性化服务。

此外，业务服务层还注重跨领域的数据融合和业务协同。通过打通不同部门和行业之间的数据壁垒，实现数据的共享和互通，推动智慧城市各领域的深度融合和协同发展。例如，在应急管理方面，通过整合公安、消防、医疗等部门的数据资源，可以建立统一的应急管理平台，提高应急响应速度和处置效率。

数据驱动下的智慧城市架构是一个从数据采集、传输、处理到应用的完整体系。在这个体系中，物联网技术、网络与通信技术、大数据与云计算技术以及智能化应用与服务相互融合、相互促进，共同推动智慧城市的不断发展和进步。

我国智慧城市架构相对建设较好的城市有深圳、杭州、青岛、重庆、北京等。

深圳。深圳作为中国经济特区的代表城市，一直积极探索智慧城市建设的道路。在智能交通方面，深圳率先引入了交通智能化系统，通过无人驾驶、智能停车等技术优化交通运行效率，提升出行体验。同时，深圳还注重智慧治安建设，通过视频监控、智能警务等手段，提高城市治安水平，保障市民的生命财产安全。

杭州。杭州作为中国电子商务的发源地，一直将数字经济作为智慧城市建设的核心内容。借助阿里巴巴等本地科技企业的力量，杭州积极探索数字经济模式，并建设了世界上最大的电子商务综合体——杭州电子商务示范园区。

青岛。青岛是中国蓝色经济示范区，也是智慧环保的先行者之一。青岛在智慧环保领域取得了显著成绩，通过引入先进技术和理念，推动了城市环境保护的智能化和高效化。

重庆。重庆是中国内陆城市中智慧旅游建设的典范。重庆利用大数据、人工智能等技术手段，提升了旅游服务的智能化水平，为游客提供了更加便捷、个性化的旅游体验。

北京。作为中国的首都，北京一直将智慧城市建设作为提升城市核心竞争力的重要手段。北京在智慧政务、智慧交通、智慧医疗等领域取得了显著成绩，为市民提供了更加高效、便捷的服务。

以上这些城市在智慧城市架构建设方面相对较好，通过引入先进的技术和理念，推动了城市的智能化发展，提升了市民的生活质量和幸福感。当然，不同城市在智慧城市建设中的侧重点和特色也有不同，但都在积极探索适合自己的发展道路。

由于发展水平、资源投入、政策支持等因素存在差异，我国也确实存在一些建设相对较差的城市。在智慧城市架构建设上相对滞后的城市往往存在以下共性问题。

（1）缺乏整体规划和顶层设计。一些城市没有明确的智慧城市发展规划，或规划不够系统、全面，导致各部门在推进智慧城市建设时各自为政，形成信息孤岛。

（2）基础设施薄弱。一些城市信息基础设施相对落后，如网络覆盖不全、数据传输速度慢等，这些问题限制了智慧城市应用的发展。

（3）缺乏资金和技术支持。智慧城市建设需要大量的资金和技术投入，一些财政困难或技术水平较低的城市可能在这些方面面临挑战。

（4）人才储备不足。智慧城市建设和运营需要高素质的人才队伍，包括信息技术、城市规划、公共服务等领域的专业人才。一些城市可能因为人才流失或教育水平不高等而缺乏专业人才。

（5）市民参与度低。智慧城市建设不仅仅是政府的责任，还需要企业和市民积极参与。一些城市可能因为宣传不足或市民对智慧城市了解不够而缺乏企业和市民的支持。

三 数据质量管理与提升策略
——统计系统的实践启示

在智慧城市的建设过程中，数据质量是至关重要的。高质量数据能够为决策的准确性和有效性提供可靠支撑，而数据质量问题则可能导致错误决策和资源浪费。为了更具说服力地阐述数据质量管理与提升策略的重要性，我们可以从统计系统的实践中总结若干启示。

（一）数据质量的重要性

数据质量是指数据的真实性、准确性、完整性、及时性等方面的特性。在智慧城市建设中，数据质量高低直接影响到决策的科学性和服务的质量。如果数据存在错误、遗漏或不一致等问题，那么基于这些数据做出的决策就可能是错误的，甚至会对城市的运行和发展造成较大负面影响。因此，确保数据质量是智慧城市建设中必须重视的问题。

国家统计局作为我国官方统计数据的权威机构，其数据质量直接关系到国家宏观决策的科学性和准确性。确保统计数据真实、准确、完整、及时是国家统计局为宏观决策服务的最重要任务。

（二）数据质量管理的原则与方法在国家统计局的实践

国家统计局在《国家统计质量保证框架（2021）》中明确提出了基于统计数据生产全过程，从真实性、准确性、完整性、及时性、适用性、经济性、可比性、协调性和可获得性等九个方面，对统计数据质量进行综合评价的原则，用于指导各地各部门开展统计工作。

1. 真实性

真实性要求统计源头数据必须符合统计调查对象的实际情况，确保统计数据有依据、可溯源。

2. 准确性

准确性要求统计数据的误差必须控制在允许范围内，能够为形势判断、政策制定、宏观调控等提供可靠依据。

3. 完整性

完整性要求统计数据应当全面完整，统计范围不重不漏，统计口径完备无缺。

4. 及时性

及时性要求统计数据生产应当在符合统计科学规律的前提下，尽可能缩短从调查到公布的时间间隔。

5. 适用性

适用性要求统计数据能够最大限度为用户所用，统计指标紧跟时代发展、切合统计需求。

6. 经济性

经济性要求统计数据生产应当尽可能降低成本，统计调查、行政记录、大数据等数据资源得到充分利用。

7. 可比性

可比性要求统计数据应当连续、可比，不同时间、空间数据生产使用规范统一的统计标准和统计原则。

8. 协调性

协调性要求统计数据结构严谨、逻辑合理，各总量数据、结构数据相互之间高度匹配。

9. 可获得性

可获得性要求多渠道、多方式公布统计数据，同时公布相应的统计制度方法，加强数据解读，满足社会需求。

国家统计局严格遵循统计数据真实、准确、完整、及时等原则，通过制定科学完善的统计制度和方法，确保统计数据的真实准确。同时，加强与其他部门的沟通协调，保证部门之间数据的协调性和匹配性。此外，国家统计局还注重数据公布与传播环节的质量控制，以提高数据的公正性和权威性。

数据质量管理的有效方法如下。

（1）制定数据质量管理规范。明确数据质量的标准和要求，建立数据质量管理制度和流程。

（2）建立数据质量监控机制。通过数据质量监控工具和技术手段，对数据质量进行实时监控和评估。国家统计局2017年成立执法监督局，其主要职责就是起草统计法律法规，拟定统计规章制度并监督实施等。

（3）实施数据清洗和整合。对存在问题的数据进行清洗、整合和转换，提高数据的质量和可用性。

（4）加强数据安全管理。确保数据的安全性和保密性，防止数据泄露和被非法访问。

（三）提升数据质量的策略与实践

国家统计局实行统计质量的全过程控制，注重对统计业务流程的各环节进行质量管理和控制，确保各环节质量标准得到满足。提升数据质量的策略可以总结为加强基础数据管理、建立数据共享机制、引入先进的数据处理技术、加强统计人员职业教育和培训等。

提升数据质量在实践中有多种手段。

（1）建立数据质量评估体系。定期对数据进行质量评估，发现问题并及时解决。

（2）实施数据治理项目。针对数据质量问题严重的领域或系统，实施专门的数据治理，提升数据质量。

（3）引入第三方数据质量服务机构。借助专业的第三方服务机构，提供数据质量咨询、评估和提升等服务。

（4）建立数据质量反馈机制。鼓励用户和数据管理人员积极反馈数据质量问题，及时改进和优化数据质量管理工作。

从国家统计局在数据质量管理与提升策略方面的实践与应用中，可以看出保障智慧城市架构中所需高质量数据有很大的借鉴意义，这些经验与实践对于其他智慧城市架构建设者来说也具有很大的参考价值。

四　智慧城市数据安全与隐私保护

随着智慧城市的快速发展，数据安全和隐私保护问题日益凸显。智慧城市涉及大量个人、企业和政府数据，一旦泄露或被滥用，将对个人隐私、企业利益和国家安全造成严重威胁。因此，加强智慧城市数据安全与隐私保护至关重要。

（一） 数据安全面临的挑战

数据安全面临数据泄露、篡改、滥用三大主要风险。

1. 数据泄露风险

智慧城市中的数据往往涉及个人隐私、企业机密等敏感信息，攻击者可能通过网络攻击、内部泄露等途径获取这些数据，进而进行非法利用。例如某知名互联网公司其数据库配置不当，导致数亿用户的个人信息被非法获取并在暗网上出售。泄露的信息包括用户的姓名、电话、邮箱地址和部分支付信息。此事件引起社会广泛关注，该公司因此受到监管机构的严厉处罚，并面临多起用户发起的集体诉讼。

2. 数据篡改风险

攻击者可能对智慧城市中的数据进行篡改或破坏，导致数据失真、失效，进而影响智慧城市的正常运行和决策准确性。例如某智慧城市的监控系统遭到黑客攻击，攻击者通过未打补丁的漏洞入侵系统，获取了大量监控视频和图像数据。这些数据被用于敲诈勒索和侵犯个人隐私。事件曝光后，该城市加强了网络安全防护，并对相关责任人进行了处理。2024 年全国"两会"生态环境部部长黄润秋在"部长通道"答记者问中也提到生态环保领域遭遇了黑客攻击及数据篡改的严重问题，这也是今后生态环境部联合公安等相关部门重点打击和改善的目标。

3. 数据滥用风险

在缺乏有效监管的情况下，数据可能被滥用于个人歧视、商业营销等不良目的，损害个人权益和社会公共利益。如一家金融机构的数据库被黑客入侵，导致数百万客户的个人信息被窃取，包括客户的姓名、身份证号、银行账户信息和交易记录等。一些不良商家或者机构滥用广告推销等，严重侵害了消费者的个人权益，黑客则利用这些信息进行了多起网络诈骗。金融机构因此面临着巨大的声誉损失和法律责任。

无论是互联网公司、政府机构、医疗机构还是金融机构和物流公司，都面临着数据安全和隐私保护的严峻挑战。在智慧城市的建设过程中，必须高度重视数据安全和隐私保护工作，采取有效的技术手段和管理措施，确保数据的安全可控和隐私不被侵犯。

（二）隐私保护的法律法规与技术手段

各国纷纷出台相关法律法规，对数据的收集、处理、传输和存储等环节进行规范。例如，欧盟的《通用数据保护条例》（GDPR）要求企业对个人数据进行严格保护，并赋予个人更多数据权利。这些法律法规为智慧城市数据安全与隐私保护提供了法律保障。

保护数据安全与隐私的常用技术手段有加密技术、匿名化处理、访问控制等。通过加密技术，可以对数据进行加密传输和存储，防止数据泄露和篡改；匿名化处理可以去除数据中的个人标识信息，降低隐私泄露风险；访问控制可以限制用户对数据的访问权限，防止数据被非法访问和滥用。

（三）构建智慧城市数据安全防护体系

建立完善的数据安全管理制度。明确数据安全责任主体，制定完善的数据安全管理制度和操作规程，确保数据的安全可控。

强化数据安全技术防护。采用先进的数据安全技术手段，如加密技术、入侵检测与防御系统、数据备份与恢复等，构建多层次、全方位的数据安全防护体系。

加强数据安全监测与应急响应。建立数据安全监测机制，实时监测数据的安全状态，发现异常情况及时处置；同时建立应急响应机制，制定应急预案并定期组织演练，确保在发生数据安全事件时能够迅速响应并有效处置。

提升数据安全意识与技能。加强数据安全教育和培训，提高公众和企业对数据安全的认知和技能水平，同时加强对数据安全专业人才的培养和引进，为智慧城市数据安全提供有力的人才保障。

五 数据共享、开放与利用

在智慧城市建设中，数据共享、开放与利用是推动城市数字化、智能化发展的关键环节。通过合理共享和开放数据资源，能够打破信息孤岛，促进数据流通，进而释放数据的巨大价值，推动经济社会的创新发展。

（一）数据共享与开放的意义

提升政府治理效能。通过数据共享与开放，政府部门能够更全面地掌握城市运行状况，提高决策的科学性和精准性，进而提升政府治理效能。

促进经济发展。数据已成为新的生产要素，通过共享和开放数据资源，能够激发市场活力，推动产业创新升级，促进经济高质量发展。

优化公共服务。依托共享和开放的数据资源，政府和社会各界可以合作提供更加精准、便捷的公共服务，满足人民群众多样化、个性化的需求。

（二）数据共享与开放的政策与机制

政策法规保障。制定和完善数据共享与开放相关的政策法规，明确数据的权属、使用规则、安全保障等要求，为数据共享与开放提供法律保障。

标准规范引领。建立数据共享与开放的标准规范体系，统一数据格式、接口标准等，确保数据的互通互认和有效利用。

组织机制协同。建立跨部门、跨行业的数据共享与开放协调机制，明确各方职责和任务分工，形成工作合力。

技术平台支撑。建设统一的数据共享与开放平台，提供数据汇聚、清洗、整合、发布等功能，降低数据共享与开放的技术门槛和成本。

（三）促进数据利用与创新的途径

培育数据文化。加强数据意识教育，提高公众对数据价值的认识和理解，形成全社会关注、参与数据利用与创新的良好氛围。

拓展应用场景。鼓励政府部门、企业和社会组织挖掘数据资源的应用潜力，拓展在城市管理、公共服务、产业升级等领域的应用场景。

加强技术创新。支持大数据、人工智能等新技术在数据处理、分析、挖掘等方面的研发和应用，提高数据利用效率和创新能力。

强化人才培养。加大对数据科学、数据工程等领域的人才培养力度，建立多层次、多类型的人才培养体系，为数据利用与创新提供人才保障。

优化合作生态。构建开放、协作的数据利用与创新生态系统，推动政府、企业、科研机构和社会组织等多元主体深度合作，共同推动数据资源的价值释放和创新应用。

（四）国内外智慧城市的数据应用案例

纵览全球，可以发现数据在国内外智慧城市建设中发挥着举足轻重的作用。新加坡作为全球领先的智慧城市之一，其"智慧国"计划充分利用了大数据和信息技术。通过整合政府、企业和社会各方面的数据资源，新加坡在城市规划、交通管理、公共服务等领域实现了高效的数据驱动决策。例如通过公共健康数据分析，提前预测并应对疾病传播等。

美国纽约在智慧城市建设中注重利用数据改善市民的生活质量。该市建立了开放数据平台，向公众提供政府部门的各类数据资源，鼓励市民参与城市治理。通过数据分析，纽约在公共安全、环境保护、教育资源分配等方面取得了显著成效。

我国杭州作为中国智慧城市建设的佼佼者，其"城市大脑"项目通过大数据、云计算和人工智能等技术手段，实现了城市交通、公共安全、市政设施等领域的智能化管理。例如，利用交通大数据优化交通信号灯控制系统，提高道路通行效率；通过视频监控和人脸识别技术提升公共安全水平等。

新加坡和纽约的案例表明，数据整合与共享是智慧城市建设的基础。政府应建立统一的数据平台，实现跨部门、跨行业的数据整合与共享，打破信息孤岛，提高数据利用效率。纽约通过开放数据平台鼓励市民参与城市治理的做法值得借鉴，政府应加大对公共数据的开放力度，激发社会创新活力，推动数据资源的价值释放。杭州"城市大脑"项目的实践则表明，利用大数据等先进技术可以显著提升城市管理的智能化水平。政府应加强与科技企业的合作，引入先进技术手段，提高数据收集、处理和分析能力。

六　结论与展望

（一）数据在智慧城市建设中的核心作用

在智慧城市的建设进程中，数据无疑扮演了核心角色。从交通管理到公共安全，从环境保护到市民服务，几乎每一个领域都离不开数据的支撑。数据的收集、处理、分析和应用，已经成为智慧城市高效运转和持续发展的基石。

数据为智慧城市提供了决策支持。通过对海量数据的挖掘和分析，政府能够更准确地把握城市运行的状态和趋势，从而做出更科学、更合理的决策。这种基于数据的决策方式，不仅提高了决策的效率，也提升了决策的质量。

数据优化了智慧城市的服务。通过数据共享和开放，政府、企业和社会各界能够更紧密地协作，共同为市民提供更优质、更便捷的服务。无论是交通出行、医疗健康还是教育就业，数据的应用都在不断提升市民的生活质量和幸福感。

数据还促进了智慧城市的创新。随着大数据、人工智能等技术的不断发展，数据的价值正在被不断挖掘和释放。这些数据不仅为传统行业的转型升级提供了动力，也为新兴产业的培育和发展提供了土壤。

（二）面向未来的智慧城市数据发展战略

展望未来，智慧城市的建设将进入一个全新的阶段。在这个阶段中，数据将发挥更重要的作用。因此，我们有必要制定一个面向未来的智慧城市数据发展战略，以指导数据的收集、处理、分析和应用。

加强数据基础设施建设。包括提升数据存储、处理和传输的能力，确保数据的安全性和隐私性。同时，还需要推动数据标准的制定和统一，以促进数据共享开放。

加强数据挖掘分析。利用大数据、人工智能等技术，对数据进行更深入地挖掘分析，发现数据中的隐藏价值。这将有助于我们更好地理解城市运行的本质和规律，为城市的可持续发展提供有力支持。

推动数据产业发展。将数据作为重要资源开发利用，培育和发展数据产业。通过数据的评估、交易、流通和应用，释放数据的经济价值和社会价值。

强化数据人才培养。加强对数据科学、大数据分析等领域的人才培养和引进，为智慧城市建设提供充足的人才保障。

优化数据治理体系。建立完善的数据治理体系，明确数据的权属、责任和义务。通过制定合理的数据政策和法规，规范数据的收集、处理和应用行为，保护数据的合法权益。

未来已来，面向智慧城市数据发展战略应该是一个综合性、系统性的战略。它不仅需要关注数据本身的价值和作用，还需要关注数据与其他领域的融合创新。只有这样，我们才能充分发挥数据在智慧城市建设中的核心作用，推动智慧城市的持续发展和繁荣。

金融支持绿色智慧城市建设浅析

宗 良　邹祎昕*

　　绿色智慧城市是一个人与自然和谐共处、可持续发展的城市，通过环保、可持续的技术和方法，实现城市经济、社会和环境的协同发展。绿色智慧城市建设是一项复杂的系统工程，涉及规划、建设、运营等多个环节，需要政府、企业、社会各界共同参与。目前我国在构建绿色智慧城市的过程中还存在诸多挑战，包括缺乏统一规划和标准体系、绿色经济项目开发面临技术和政策的双重制约以及信息安全面临威胁等。金融作为实体经济的血脉，在助力建设绿色智慧城市方面有着重要作用，比如通过发行绿色债券、创设绿色资产证券化等方式，为环保产业、节能减排项目等提供资金支持。本文主要从金融视

* 宗良，中国银行首席研究员、世界金融论坛高级研究员；邹祎昕，中央财经大学金融学院硕士研究生。

角出发，探讨如何从多个维度促进绿色智慧城市建设。

一 绿色智慧城市的内涵与演变

在 2008 年全球金融危机的影响下，IBM 率先提出"智慧地球"这一新理念[1]，并将其视为一项智能化工程，以促进全球经济复苏，解决全球金融危机。"智慧城市"是践行"智慧地球"理念的重要体现。城市是地球未来发展的重要支点，智慧地球的实现离不开智慧城市的支撑。智慧城市建设不仅可以提供未来城市发展新模式，而且可以带动新产业——物联网产业的发展。因此，智慧城市引起了社会各界的极大兴趣，其理念也得到了广泛认同，很快在全球范围内掀起一股风暴，各主要经济体纷纷将发展智慧城市作为应对金融危机、扩大就业、抢占未来科技制高点的重要战略。

（一）智慧城市的内涵

智慧城市指利用新一代信息技术，以整合、系统的方式管理城市的运行，让城市中各个功能彼此协调运作，为城市中的企业提供优质的发展空间，为市民提供更高的生活品质。智慧城市需要更加智能的城市规划和管理、更加合理和充分的资源分配、城市有可持续发展的能力、城市的环境保护到位、能够提供更多的就业机会、对突发事件具备应急反应能力等。

智慧城市的核心在于通过运用以物联网、云计算等为核心的新一代信息技术，以更智能的方式改变政府、企业和人们相互交往的方式，对民生、环保、公共安全、城市服务、工商业活动等的各种需求做出快速、智能的响应，提高城市运行效率，为居民创造更美好的城市生活。

智慧城市建设需借助先进的通信技术，推动城市智能化运行、可持续发展，将"数据"作为城市发展的主要驱动力，革新城市生产和生活方式，优化城市经济社会发展。这一系列举措也会大幅提升居民的获得感。

（二）绿色智慧城市的未来

习近平总书记提出"绿水青山就是金山银山"的生态文明理念，无疑鼓励了绿色产业的发展，其中，绿色金融的支持不可或缺。2021 年 2 月 22 日，国务院发布《关于加快建立健全绿色低碳循环发展经济体系的指导意见》（国发〔2021〕4 号）指出总体目标，即到 2025 年，产业结构、能源结构、运输结构明显优化，绿色产业比重显著提升，基础设施绿色化水平不断提高，加快培育市场主体，鼓励设立混合所有制公司，打造一批大型绿色产业集团。绿色低碳循环发展的制度体系基本形成，以高质量发展为主题的高质量发展格局基本形成。可见，绿色智慧城市是未来城市发展的主要方向。

绿色智慧城市旨在将城市打造成一个数字化的智慧绿色生态圈，通过数据驱动的决策、跨部门的整合合作，推动城市朝着可持续发展和绿色发展的方向迈进，以提高市民的生活质量，降低治理成本，并促进城市经济、社会和环境的良好发展。我们所处的数字经济时代，金融的作用无处不在。同样，在绿色智慧城市建设的过程中，数字金融也将扮演着至关重要的角色。在绿色智慧城市的建设中，不论是城市基础设施、社会民生保障、经济发展环境，还是生态文明建设等方面，都与金融有着紧密联系。我们可以看到，随着金融的不断深化，其发展势必对绿色智慧城市的建设产生巨大影响。金融的有效支持可以让我们走上绿色智慧城市发展的快车道。

二　绿色智慧城市发展现状与趋势

（一）中国智慧城市发展现状

国家发展和改革委员会曾经明确"新基建"的范围，其中数字化基础设施建设受到了广泛关注。5G、人工智能、工业互联网等新兴技术被认为是推动经济增长的新动力，而智慧城市建设则成为这些技术得以应用的最大场景。随着智慧城市建设的转型升级，我国智慧城市的市场规模也在持续地扩张，2017~2022年，我国智慧城市市场规模保持不断增长的态势（见图1），2021年，智慧城市的市场规模达到21.08万亿元，较2020年增长45.4%；2022年，智慧城市的市场规模为25万亿元，较2021年增长18.6%。2023年，我国智慧城市投资规模达到389.2亿美元，比2022年增长24.3%。以建筑行业为例，2022年，中国"绿色建材"市场体量达1637亿美元[2]。未来低碳数字化必将成为智慧城市建设的核心方向，引领城市走向更加绿色、低碳的发展道路。

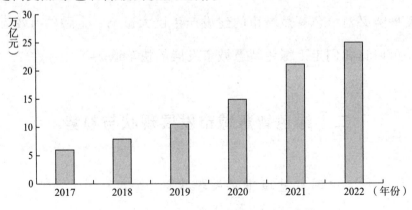

图1 2017~2022年中国智慧城市市场规模

自 2012 年首次公布国家智慧城市试点名单以来，我国逐步推进智慧城市试点发展，智慧城市投资规模不断扩大。住建部已发布三批智慧城市试点名单，确定 290 个试点城镇。根据科技部、工信部、自然资源部、国家发改委所确定的智慧城市相关试点数量，目前我国智慧城市试点数量累计已达到 900 个以上。从区域分布上看，住建部认定的试点城市已经涵盖了全国所有省（区、市），以中东部地区居多，其中华东地区最为集中。目前，我国智慧城市的发展进入融合期，人工智能、物联网、5G、云计算、边缘计算等新一代信息技术的发展与应用为智慧城市的融合发展培育了创新土壤，未来我国智慧城市建设的城市数量将快速增加，发展规模也将同步扩大。

（二）智慧城市建设的政策背景

近年来，国务院及其相关部委从顶层设计到具体应用，都制定了指导和鼓励智慧城市建设的相关政策。为探索智慧城市建设、运行、管理、服务和发展的科学方式，住房和城乡建设部于 2012 年下发《关于开展国家智慧城市试点工作的通知》，公布了首批国家智慧城市试点名单，同时印发《国家智慧城市（区、镇）试点指标体系（试行）》，将指标体系分为保障体系与基础设施、智慧建设与宜居、智慧管理与服务、智慧产业与经济四大类。2014 年，经过国务院的批准，国家发改委、工信部、科技部、公安部、财政部、自然资源部（原国土部）、住建部、交通运输部等八部委联合发布了《关于促进智慧城市健康发展的指导意见》，指导意见要求全国各地区和相关部门要认真落实其中的各项任务，以确保智慧城市建设健康和有序推进。2015 年，国家标准委、中央网信办、国家发改委联合印发《关于开展智慧城市标准体系和评价指标体系建设及应用实施的指导意见》，将重视人才培养纳入智慧城市建设保障措施中。2018 年 6 月，国家市场监督管理总局、国家标准委发布《智慧城市顶层设计指南》，除了将数据架构和基础设施架构纳入顶层设计外，还将保障措施细分为组织保障、政策保障、人才保障、资金保障等四类。由此可见，在智慧城市建设过程中，随着城市信息基础设施体系、数据共享机制的日渐完善，制度环境、人才培养等相关保障体系逐渐受到重视。2020 年，多地在新基建建设方案中明确提出打造智慧城市。未来在利用金融工具推进绿色智慧城市建设过程中，中央金融委员会将发挥重要作用。2021 年 10 月，中共中央、国务院办公厅发布《关于推动城乡建设绿色发展的意见》，提出建立完善智慧城市建设标准和政策法规，加快推进信息技术与城市建设技术、业务、数据融合；同年 11 月，工信部发布《"十四五"软件和信息技术服务业发展规划》，持续征集并推广智慧城市典型解决方案；同年 12 月，国务院发布《关于印发"十四五"数字经济发展规划的通知》，旨在推动数字城乡融合发展。

国家"十四五"规划，提出要"建设智慧城市和数字乡村""以数字化助推城乡发展和治理模式创新，全面提高运行效率和宜居度"，开启了深入发展数字乡村、发展县域智慧城市新阶段。2022 年 5 月，中共中央办公厅、国务院办公厅联合印发《关于推进以县城为重要载体的城镇化建设的意见》，提出"建设新型基础设施，发展智慧县城"的重要任务，以政策为导向，智慧城市建设重心下沉。2022 年 6 月，《国务院关于加强数字政府建设的指导意见》印发，旨在加快推进新型智慧城市建设；同年 11 月，科技部、住房和城乡建设部发布《"十四五"城镇化与城市发展科技创新专项规划》。2023 年全国各省（区、市）政策跟进。

（三）智慧城市发展的主要趋势

（1）互联互通。智慧城市的发展方向之一是建立强大的信息基础设施，实现城市各个系统之间的互联互通。这包括建设高速宽带网络、无线网络覆盖、物联网技术的应用等，以实现城市中各类设备、传感器和终端设备之间的数据交换和共享。

（2）数据驱动。智慧城市的关键在于数据的收集、管理和分析。城市可以通过各种传感器、监控设备和智能终端等收集大量的数据，如交通流量、环境污染、能源消耗等。通过对这些数据进行分析和挖掘，可以获得有关城市运行状况的实时信息，从而优化城市管理和决策。

（3）环境保护。智慧城市的可持续发展是一个重要目标。通过智能监测系统和数据分析，可以实时监测和管理城市的环境污染情况，如空气质量、噪声水平和水资源利用等。这样的系统可以帮助城市制定环境保护政策和措施，推动绿色能源的使用和节能减排。

（4）公共服务。智慧城市的发展还包括提供更高效的公共服务。通过智能化的城市管理系统和移动应用程序，居民可以方便地获取各种公共服务，如在线支付、智能家居控制、在线教育等。这可以提高城市居民的生活品质和幸福感。

（5）社区参与。智慧城市的发展需要广泛的社区参与和居民参与。城市管理可以通过社交媒体、移动应用程序和在线平台等方式，与居民进行实时互动和信息交流，征求他们的意见和建议，从而提高民主参与度和城市治理的透明度。

首先，未来智慧城市将更加智能化，实现自动化、数据化管理。这将通过人工智能、大数据、云计算等新技术的应用来实现。其次，物联网技术和人工智能技术将在智慧城市中得到更广泛的应用，实现各种智能设备的互联互通，实现城市运行的自动化和智能化，提高城市运行的效率和可持续发展水平。最后，智慧城市将更加注重可持续发展，实现城市运行的环保和节能。这将通过智慧城市建设的绿色化和可持续化来实现。总而言之，智慧城市将来的发展趋势是智能化、物联网化、数据化、环保化、节能化。

绿色智慧城市是未来发展的方向，具有巨大的潜力。绿色智慧城市以其丰富的实践经验为我们提供未来城市发展的蓝图，也为未来的城市治理提供出色的解决方案。[3] 在这一过程中，绿色智慧城市为我们提供了一个全面的视角来审视我们周围的世界，并用新技术与新概念来创造一种新型的社会经济模式，促进经济、社会和环境高质量发展，使城市规划更加合理、高效、节约。我国在智慧城市建设方面具备很多优势，其中包括庞大的市场规模、先进的技术创新能力以及政府的大力支持等。在实现碳达峰、碳中和目标下，中国绿色智慧城市发展前景广阔。

表1　"30·60"目标下新增投资规模预测

单位：万亿元

情景	能源供应	工业	建筑	交通	总计
政策情景	53.71	0	6.29	10.51	70.51
强化政策情景	77.89	0.39	7.42	13.99	99.69
2℃情景	99.07	2.66	7.94	17.57	127.24
1.5℃情景	137.66	7.18	7.88	21.66	174.38

注：清华大学的研究测算得出，在与"30·60"目标最接近的2℃情景下，2020~2050年中国能源供应部门新增投资将接近100万亿元，工业、建筑和交通部门新增投资分别为3万亿、8万亿和18万亿左右，合计新增投资规模接近130万亿元。

（四）绿色智慧城市建设中面临的挑战

在"绿色、智慧、宜居"的新时代主题下，绿色智慧城市理念为未来城市发展绘就了一幅美好蓝图。我国发展智慧城市面临的难点主要表现在以下方面。

（1）数字语言和行业术语的转换。智慧城市涉及多个行业和领域，例如城市规划、交通、能源、环境等，每个领域都有其特定的术语和概念，在不同领域之间进行有效的沟通和合作可能会面临困难。为了确保各方能够理解和协调工作，需要制定一套共同的数字语言和行业术语，促进跨部门、跨行业之间的合作。

（2）信息安全。随着数字信息技术的不断更新，中国智慧城市建设进程不断加快。然而，智慧城市所涉及的海量数据也带来了相应挑战，包括数据处理、数据合规管理、数据攻击和数据滥用等内外部风险。各类信息泄露事件层出不穷，数据集中且量大导致安全风险聚焦放大，对整个城市的生产和生活造成了严重威胁。为此，需要采取严格的信息安全措施，包括加密数据、确保访问权限、建立强大的防火墙和网络安全策略，并持续监测和更新安全系统。2023 年 10 月，我国成立了国家数据局，负责统筹数据资源的整合、共享和开发利用，统筹推进数字中国、数字经济、数字社会规划和建设等。国家数据局的成立有利于解决数据分散问题，集中各方资源全面推进数字中国，数字中国建设有望步入发展快车道。

（3）信息孤岛。智慧城市中的各个部门和系统通常具有独立的数据和信息来源，政务数据、公共数据、社会数据融合应用困难，导致出现信息孤岛的问题。项目之间缺少有机联系，出现碎片化倾向，既有成果与新建内容不能有效衔接，重复建设的同时容易出现"信息孤岛"。这对于既有资源是一种浪费，也难以与真正的智慧型城市发展相融合。为此，需要建立统一的数据标准和操作规范，以确保不同系统和部门之间的数据可以相互连接和共享。

（4）运维的成本高昂。智慧城市的建设和运营需要大量的投入和资源。所有的副省级以上城市、95% 的地级及以上城市均提出或在建智慧城市，但超过三分之一的地级及以上城市还未开展智慧城市运营，缺乏运营和管理的长效机制，长远来看运维成本是较大挑战。运维成本包括设备维护成本、数据管理成本、系统更新成本、人力资源成本等方面的成本。为了降低成本，可以采用技术创新和自动化解决方案，优化资源利用效率，并寻求公私合作伙伴关系，共享成本和共担风险。

（5）社会参与程度低。智慧城市的发展需要广泛的公众参与，因为智慧城市系统和服务将直接影响市民的生活。目前，智慧城市的社会力量参与度低，尚未形成政府、企业、公众多元主体共建共治的局面。智慧城市建设还存在更注重展示给上级，实用效益较少，群众体验感不足的情况。为此，应该建立透明、开放和包容的参与机制，通过市民教育、社区咨询、公众听证会等方式，让市民参与决策过程，并提供反馈和意见。此外，还可以利用社交媒体和移动应用程序等工具，提供便捷的参与渠道，促进市民与政府之间的互动和沟通。[4]

三 建设绿色智慧城市的条件、优势与典型经验

建设智慧城市是一个渐进式的过程，不可能一蹴而就。目

前国内许多城市都已经提出了建设智慧城市的目标，很多地方都把建设智慧城市作为政府工作报告中的一项重要内容，纷纷加入了"智慧城市"建设的赛道。

（一）建设绿色智慧城市的条件、优势

加快推进城市"智慧化"，实现城市经济"智慧发展"具有重要意义。目前，我国绿色智慧城市发展的产业基础和技术基础基本形成，政策环境不断改善，初步具备了快速发展的条件，并且在绿色智慧城市建设上已经取得一定的成果和优势。

（1）政府支持和投资。我国政府高度重视智慧城市的建设，并将其列为国家发展的重要战略。政府在政策支持和投资方面提供了大量资源，包括资金、土地和税收优惠，以推动智慧城市的发展。这种支持和投资为智慧城市项目的启动和运营提供了重要的支持。许多城市将智慧城市建设纳入地方规划纲要，在智慧城市建设的先行地区还出台了一系列专门的政策规划，逐步建立起保障智慧城市稳定健康推进的政策体系。

（2）巨大的城市人口和市场规模。中国作为世界上人口最多的国家，拥有庞大的城市人口和市场规模。这为智慧城市的应用和商业模式提供了广阔的机会和巨大的潜力。庞大的人口

数量意味着对基础设施、交通、能源等方面的需求量巨大，智慧城市解决方案能够提供更高效、更便捷和可持续的城市管理和生活方式，满足人们日益增长的需求。

（3）先进的信息和通信技术基础设施。从信息化基础上看，数字城市建设有力地推动了信息技术应用，提升了城市信息化水平，为智慧城市建设奠定了良好的基础。中国在信息和通信技术基础设施方面取得了显著进展。高速宽带网络和移动通信网络的广泛覆盖为智慧城市提供了良好的技术基础，使各种智能设备和传感器能够连接和交换数据。这种基础设施的发展促进了智慧城市技术的应用和发展，实现了城市内部和城市之间的数字化互联互通。当前，我国各城市高度重视信息基础建设，无线通信网络和宽带覆盖率等信息化指标显著提升，政务、商业、交通、医疗、教育等领域的信息化水平不断提升，为"数字城市""智能城市"向更高层次、更互联互通的智慧城市迈进奠定了基础。

（4）数据资源丰富。中国城市积累了大量的城市数据，包括人口统计、交通流量、环境监测等方面的数据。这些数据是智慧城市解决方案的重要基础，能够支持数据驱动的决策和优化城市管理。通过对这些数据的收集、整合和分析，智慧城市可以更好地了解城市运行状况，预测和解决问题，并提供更高质量的公共服务。

（5）技术创新和企业生态系统。中国拥有庞大的科技创新和企业生态系统，包括众多的高科技企业、初创企业和研发机构。国家鼓励政府和社会资本合作开展智慧城市建设和第三方运营，推动智慧城市建设逐步从政府主导单一模式向社会共同参与、联合建设运营的多元化模式转变。这为智慧城市技术的创新和推广提供了良好的环境，各种创新技术和解决方案不断涌现。创新企业和研发机构的存在促进了技术交流和合作，推动了智慧城市技术的发展和商业化应用。

（6）实施能力和快速迭代。我国在大规模基础设施建设和项目实施方面拥有丰富的经验和实施能力。这使得中国能够快速推动智慧城市项目的实施，并能够在实践中快速迭代和改进，以适应不断变化的需求和挑战。中国的城市管理部门和相关企业具备实施大型项目的能力，能够克服技术和管理方面的挑战，快速部署和应用智慧城市解决方案。

（二）中国智慧城市案例——福建厦门 5G City

福建厦门的 5G City 项目是基于 5G 通信技术的智慧城市建设和创新应用。作为中国移动通信产业的领军城市之一，厦门在推动智慧城市建设方面取得了显著成就。厦门的 5G City 项目主要包括：1）交通。通过 5G 技术的应用，厦门实现了智能交通管理和优化。借助高速低时延的 5G 网络，交通信号灯、道路监控设备等可以实时连接和通信，实现交通流量的实时监测和调度。2）医疗。厦门的 5G City 项目在医疗领域也有广泛应用。通过 5G 网络，医院之间可以实现高速的医疗数据传输和共享，支持远程医疗诊断和会诊。同时，5G 技术还可以支持医疗设备的远程监控和操作，提升医疗服务的效率和质量。3）旅游。厦门利用 5G 技术打造智慧旅游体验。游客可以通过 5G 网络获得更快的网络连接和更好的体验，同时可以利用虚拟现实（VR）和增强现实（AR）等技术，感受更丰富、更沉浸的旅游体验。此外，5G 技术还可以支持智能导览、智能支付等功能，提升旅游服务的便捷性和个性化。4）教育。厦门的 5G City 项目在教育领域也有创新应用。通过 5G 网络，学校可以实现远程教育、在线教学和资源共享，师生之间可以进行实时的远程互动和交流。同时，5G 技术还可以支持虚拟实验室、智能教室等教育创新模式的发展，提升教育质量和效果。5）安防。厦门利用 5G 技术提升城市的安全防范能力。通过 5G 网络，安防摄像头、监控设备等可以实现高清、实时的视频传输和监控。同时，利用人脸识别、视频分析等技术，可以实现智能化的安防监控和预警。

（三）智慧城市建设典型案例——"智慧海南"建设场景

2019 年 10 月，海南省制定了"智慧海南"建设计划，致力于打造"数字孪生第一省"与"全球自由贸易港智慧标杆"，驱动海南省经济高质量发展，增进人民群众的获得感、幸福感和安全感。从国家层面来看，"智慧海南"是国家支持海南自贸港建设的重要抓手，也是打造数字时代发展样板的重大部署。其注重信息技术前瞻布局，高水平建设新型信息基础设施；注重对外开放互联，推动数据要素跨境流动，形成有辐射力的数字开放门户；注重新一代信息技术与社会治理领域的全面深度融合，推动治理能力现代化；注重实体经济与数字经济的融合；还注重数字经济和数字治理的制度建设，适应数字时代全球经贸投资规则的调整。

"智慧海南"覆盖城市管理、海关监管、民生服务、旅游消费、经济贸易、产业创新等，致力于打造一个以国际开放互联、数据高效共享、治理精细智能、服务便捷普惠、实体经济与数字经济有机融合为特征的新型智慧岛。其中将重点打造国际信息通信开放试验区、精细谋划社会治理样板区、国际旅游消费智能体验岛、开放性数字经济创新高地，将相关服务做到全国领先，并率先实现全省同城化治理。

"智慧海南"建设过程中预计还将会同步实现如下创新目标：开展新型基础设施和信息服务的试验探索、在全国率先实现 5G 全省低频广域覆盖和异网漫游、联通 21 世纪海上丝绸之路沿线国家的国际通信重要战略支点、打造全国重大科研基地设施和军民融合创新中心、建设国际一流的高性能计算研究与服务中心、探索建设我国首个国际数据中心、开展国家新型互联网交换中心试点、探索创建国家区块链试验区。"智慧海南"建设计划提出了 10 项重点工程，包括 55 个重点任务、34 个重大工程项目、7 项先行先试改革举措。重点工程包括 5G 和物联网等新型基础设施建设工程、国际信息通信服务能力提升工程、现代化治理和智慧监管建设工程、立体防控智慧生态治理工程、国际旅游消费服务智慧升级工程、数字政府和智能公共服务建设工程、优势产业数字化转型工程、数字新产业做优做强工程、智慧大脑和能力中台建设工程、可持续运营支撑体系工程。

根据计划，2021 年底，"智慧海南"架构体系基本确立，关键基础设施和核心平台初步建成；2023 年底，"智慧海南"资源要素体系和机制体制基本建立，国际通信环境基本完善，产业数字化和数字产业化提速；到 2025 年底，"智慧海南"基本建成，初步将海南打造成为全球自由贸易港智慧标杆。

未来将"新基建"融入智慧城市建设中，形成一系列的智慧经济、智慧文旅、智慧政务、智慧教育等新型"智慧+"，有望进一步激发城市创新发展动力，形成高效、敏捷、便民的数字化与个性化新发展模式。

四　绿色智慧城市建设的综合政策措施

（一）加强数据隐私保护、制定技术标准

随着数字化时代的到来，大量的数据被收集和处理，数据的隐私和安全问题越来越受到人们的关注。特别是在建设绿色智慧城市的过程中，数据的隐私和安全问题更是不容忽视。具体而言，加强数据隐私和安全保护应注意以下方面。首先，建立数据隐私保护法律框架，明确规定数据收集、使用和共享的条件和限制，确保个人隐私权利得到有效保护。其次，采用先进的加密技术和身份验证机制，保障数据在传输和存储过程中的安全性，防止数据未经授权被访问和篡改。最后，设立独立的数据保护机构，负责监督和审查数据处理和隐私保护的实施情况，及时处理数据泄露和滥用问题。

高起点、全方位推进智慧城市建设，除了要做好数据安全

工作之外，还需要处理好技术标准建设和完善法律规范的关系，坚持标准统一和法规完善先行，为智慧城市高效、安全运行提供必要的制度保障。具体措施如下：成立智慧城市技术标准化组织，由政府、企业、学术界和行业协会等共同参与制定技术标准和规范，确保各个系统和设备之间的兼容性和互通性。鼓励开放式创新和采用开源技术，促进不同系统和设备的互操作性和数据共享能力，加速智慧城市的整合和发展。建立数据集成平台，集成和分析来自不同数据源的信息，为决策者提供全面的智慧城市决策支持，促进城市的智能化和可持续发展。

（二）基础设施共享与强化的跨部门协调

我国在信息化建设过程中，长期存在"实用快上""重硬件轻软件"的问题。当前，尽管许多城市都建立了办公自动化（OA）系统、管理信息系统（MIS）和地理信息系统（GIS），但是各系统之间往往缺乏互联互通和信息共享，"信息孤岛"现象普遍存在。不同部门间信息传递不畅，大大降低了工作效率，造成大量资源浪费。智慧城市是一个建立在信息基础之上的数字化、网络化、智能化城市。信息基础设施是城市智慧化发展的基础前提和价值所在。发展智慧城市需要寻求合作和共享基础设施来进一步增强城市信息基础设施建设。第一，建立智慧城市合作伙伴关系，吸引政府、企业和社会组织的参与，共同推动智慧城市建设，实现资源共享和协同发展。第二，鼓励基础设施共享，例如共享充电桩、共享交通和共享传感器网络，减少资源重复建设和成本浪费，提高城市基础设施的效率和可持续性。第三，建立开放的数据平台，促进公共数据的共享和开放，激发创新和鼓励企业发展，推动智慧城市的共同繁荣和可持续发展。与此同时，还应加强各部门间的协作，加强政府间的深度合作。从未来发展趋势来看，智慧城市建设既需要政府各部门之间的协调，也需要政府与学术界、行业专家之间的沟通与合作。[5]

（三）进行风险评估和管理

构建绿色智慧城市是一个复杂而庞大的工程，涉及大量的信息和数据交换，包括个人隐私、交通系统、能源供应等敏感信息。如果安全措施不到位，可能会导致数据泄露、黑客攻击等安全问题。在这个过程中，风险评估和管理是非常重要的。一方面，强化安全风险评估。智慧城市运行涉及的数据量巨大，系统复杂，一旦出现安全问题，将会造成巨大的损失。因此，在进行智慧城市风险评估时，需要对数据安全、系统可靠性、灾害风险等进行全面的风险评估，制定相应的风险管理计划，尽量避免潜在风险对智慧城市运行产生不良影响。另一方面，建立应急响应机制。建立应急响应机制可以有效地应对可能发生的突发事件，从而保障智慧城市系统的稳定运行以及居民的安全。要建立预案和危机管理策略，避免出现问题时无法应对；要加大监测和监管力度，及时发现智慧城市系统中可能出现的安全威胁和潜在问题，及时解决潜在问题，确保智慧城市的可持续运行和发展。通过对智慧城市建设进行风险评估和管理，可以及早发现和解决潜在的问题，保障城市的安全、稳定和可持续发展。同时，也可以提高居民对智慧城市建设的信任度，促进社会的参与和支持。

（四）社会各部门加强交流与合作

智慧城市建设要求社会各部门加强交流与合作，实现互惠互利、共同发展的目标。政府部门是智慧城市建设的主要推动者。政府部门应积极出台政策，加大资金投入力度，引导企业发挥自身技术创新和实施能力，促进企业与科研机构合作，为智慧城市建设提供政策支持。同时，政府部门还应充分发挥监管职能，不断完善相关标准体系，加大监督管理和考核评价力度，为智慧城市建设营造良好的政策环境。企业应充分发挥自身的技术创新能力和实施能力，积极参与智慧城市建设。同时，企业应充分利用自身优势，将先进技术应用于智慧城市建设中，以促进智慧城市的可持续发展。学术界应提供专业知识和研究支持，为智慧城市建设提供理论指导。社会组织和居民可以积极参与到智慧城市建设中来，共同推动智慧城市的发展。

五　金融支持绿色智慧城市
建设的策略选择

在加快产业转型升级、推动创新型城市建设的背景下，智慧城市建设是推动城市创新发展的重要抓手，也是各地加快新旧动能转换，实现经济转型升级的重大战略举措。在这一过程中，智慧城市建设与金融领域的融合发展必将迎来新的契机。未来在绿色智慧城市建设方面，金融将为推动绿色智慧城市建设贡献更大力量。

（一）支持数字化新产业新业态，以数字金融嵌入方式实现融合

智慧城市需要大量的数字化技术和解决方案来支持城市

的智能化发展。金融可以提供融资支持，更多的金融机构也会提供多样化的融资渠道，包括股权融资、债权融资、银行贷款等，帮助智慧城市企业开展数字化技术的研发和应用，推动智慧城市产业的发展。针对数字化新产业新业态面临的各种风险，如技术风险、市场风险等，金融可以通过提供风险管理支持，帮助企业进行风险评估和控制，降低风险对企业的影响。数字化新产业新业态需要大量的数据来支持决策及其优化。金融可以通过提供数据支持和分析服务，帮助企业获取和利用数据，进行数据分析和预测，为企业的决策提供支持。最终以数字金融嵌入方式实现与智慧城市的有机融合。[6]

（二）制定支持智慧城市的授信政策

智慧城市需要大量的资金来支持基础设施建设、技术创新和人才培养等。金融业宜通过制定支持智慧城市的授信政策，为智慧城市建设企业提供融资支持，促进智慧城市建设的顺利进行。比如 2020 年，平安国际智慧城市科技股份有限公司与九家银行签署战略合作协议，意向性授信额度达 900 亿元，除融资授信外，还共同探索推动包括金融创新、跨境融资、场景合作、资源共享等多个领域的合作。

（三）以绿色金融推动智慧城市可持续发展

当前和今后一个时期内，我国城市经济将在建设生态文明的道路上稳步前行。而作为支撑国民经济发展重要血脉的金融业将发挥重要作用。从某种意义上讲，金融业在建设生态文明和实现城市可持续发展进程中具有独特的功能和价值。首先，金融机构可以通过提供绿色债券、建立绿色资产证券化产品等方式，为环保产业、节能减排项目等提供资金支持；可以通过开发"绿融通"和"绿融通贷"等产品，为企业提供融资服务；还可以通过发行碳排放权期货、开展碳期货交易等方式，为各类新能源项目提供资金支持。其次是推动建筑、交通、能源等领域的绿色发展。通过创新金融工具、开展绿色金融服务风险管理等方式，金融业可以进一步提高节能环保产业的发展水平，从而推动城市经济的可持续发展。具体而言，可以通过引入可持续能源和资源管理技术，例如智能电网、能源储存和节能控制系统，降低能源消耗和环境影响，推动城市的绿色发展和碳减排。鼓励创新可持续交通解决方案，如公共交通、自行车共享和智能停车管理，减少交通拥堵和尾气排放，改善城市交通环境和空气质量。倡导循环经济和废弃物管理，推广智能垃圾分类和资源回收利用系统，减少废弃物的产生和环境污染，实现资源的可持续利用和循环利用。

（四）高度重视金融数据跨境流动前瞻研究与国际合作

在数字时代，数据的跨国界流动已成为全球经济发展的主要动力，而智慧城市的发展也离不开海量数据的支撑。在此背景下，应加强对金融数据跨国界流动进行前瞻性研究，探讨如何更好地运用国际金融资源，推动数据跨国界流动与共享，为智慧城市建设提供支撑。一是可考虑完善治理框架，原则上允许必要的金融部门数据跨境流动。根据比较优势理论，在保障隐私和安全的前提下，数据这一重要生产要素的自由流动符合我国经济利益。这不仅有助于与国际主流实践接轨，积极回应国际社会在数据跨境流动问题上对中国的期待，也是中国在数字经济时代推动经济高质量发展、形成国内国际双循环相互促进新发展格局的客观需要。二是有效平衡数据自由流动与保障隐私和安全的政策目标。在金融数据跨境流动方面，应加强我国《数据安全法》提出的数据分级分类制度与金融数据跨境流动需求的衔接，以便更好分类施策。对于一般数据，原则上允许自由流动；对于重要数据，允许在满足特定条件后自由流动；对于核心数据，可限制流动。三是发挥好国际自贸协定谈判和国内自贸区建设的协同作用。应以自贸协定谈判为契机，秉持开放、创新思维，深度参与金融数据跨境流动国际规则制定，争取话语权和主动权。同时，应坚持底线思维，积极探索在自贸区先行先试有关规定，确保金融数据安全有序流动。

参考文献

［1］许晔、孟弘、程家瑜：《IBM "智慧地球" 战略与我国的对策》，《中国科技论坛》2010 年第 4 期。

［2］国家工业信息安全发展研究中心、中国产业互联网发展联盟、工业大数据分析与集成应用工信部重点实验室等：《依托智慧服务共创新型智慧城市——2022 智慧城市白皮书》，2022。

［3］巫细波、杨再高：《智慧城市理念与未来城市发展》，《城市发展研究》2010 年第 11 期。

［4］唐斯斯、张延强、单志广：《我国新型智慧城市发展现状、形势与政策建议》，《电子政务》2020 年第 4 期。

［5］Pereira G V, Parycek P, FalcoE, et al. "Smart Governance in the Context of Smart Cities: A Literature Review," *Information Polity*

（2018）23（2）：143-162.

[6] Silva B N, Khan M, "Han K. Towards Sustainable Smart Cities: A Review of Trends, architectures, components, and Open Challenges in Smart Cities [J]," *Sustainable Cities and Society* （2018）38：697-713.

大语言模型增强的知识图谱
在医保欺诈检测中的应用

邵靖诚　丁维龙　王　博*

一　引言

　　智慧城市建设旨在通过科技手段提升城市治理效率和服务水平，其中打击医保药物非法流通是城市治理的一项重要任务。在医保欺诈案件中，相关嫌疑人的手机可以提供重要的线索。目前，检方部门会对嫌疑人的手机进行取证，获取嫌疑人的微信聊天记录并进行分析。为了充分利用数据智能，北京市检方部门开展了收药端医保欺诈检测的应用实践，借助知识图

* 邵靖诚，北方工业大学信息学院硕士研究生；丁维龙，北方工业大学"毓优人才"特聘教授；王博，石景山区人民检察院第七检察部主任科员。

谱与大语言模型等技术手段分析、存储和利用嫌疑人的微信聊天数据，维护分析结果构成的线索并进行可视化展示。

当前，该项目中涉及的嫌疑人微信聊天分析结果的存储和利用，还存在如下困难。一方面，构成分析结果的数据信息之间有复杂的联系，而传统关系型数据库往往不适合存储和表达这种拓扑结构图。另一方面，检方业务用户不具备充分的技术专业知识，对分析结果的处理存在应用壁垒，难以快速实现复杂的、符合业务要求的查询操作。

针对上述问题，本文提出借助大语言模型增强的知识图谱技术构建可交互式系统。具体来说，为解决复杂关联数据的存储和查询问题，项目构建系统采用图数据库存储微信聊天记录分析结果，充分建模数据关联，构建知识图谱表达丰富的业务语义；为了降低业务用户查询数据的难度，所述系统以可视化知识图谱的形式展示操作界面，并融合大语言模型生成图数据库查询语句，实现基于自然语言的交互，方便用户的查询。

项目中的实例表明，知识图谱基于图结构的存储能力，可以清晰地揭示复杂的药品非法交易链；融合大语言模型的查询技术，可以为业务用户实现与复杂知识图谱的便捷交互。项目的应用实践为有效维护医保秩序，提供了可靠的技术支持。

二 相关工作

（一）知识图谱与图数据库

知识图谱是一种结构化的语义知识库，通常以三元组的形式将知识存储于图数据库中，主要存储实体以及实体之间的关系和它们的属性信息。因其具有直观、丰富的知识[1]，可以帮助人们快速全面地了解所需的信息和复杂的联系。如今，知识图谱已经被融合进多个实际领域中，例如药品医疗、信息搜索、法律知识等。知识图谱以一种连通图的方式展现出来，它由节点（实体）和边（实体间的关系）组成。实体通常指的是人、地点、物体、概念等，而它们之间的关系则描述了这些实体是如何相互关联的。图 1 展示了客户 A 购买具有给定属性的商品 P 的简单知识图谱示例。知识图谱通过定义实体及其之间的关系来构建丰富的、语义化的知识体系，以支持复杂的查询和智能决策[5]。

图数据库是专门用来存储和查询图数据的数据库，是知识图谱体系中重要的实现载体。对于知识图谱，图数据库提供了一个高效的存储解决方案，能够处理大规模的节点和连接，以

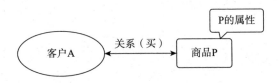

图 1　知识图谱结构内容示例

及快速执行复杂的查询和分析[6]。图数据库利用图论的概念，以节点、边和属性的形式直接存储和管理数据，非常适合存储复杂的网络拓扑结构图等数据，如社交网络、关系网络等。从 DB-Engines 定期更新的图数据库排名可知，目前国内外图数据库产品的研发投入越来越高，已存在典型的产品如 Neo4j、Tiger Graph、Janus Graph、ArangoDB、OrientDB。[7] 其中，Neo4j 图数据库擅长处理多对多的关系，对深度的查询具有明显优势，是目前最流行的图数据库[11]，也是本文构建图数据库的技术选型。

图数据库具有专用的查询语句，例如 Neo4j 提供了名为 Cypher 的声明式查询语言，通过描述模式而非位置等细节，专门用于操作查询图形数据[8]。Cypher 查询通常包括 MATCH 子句来匹配图形中的节点和关系模式，WHERE 子句来过滤结果，RETURN 子句来指定要返回的列，以及 ORDERBY 和 LIMIT 子句来格式化结果。Cypher 正是本文所构建系统中采用的图数据库查询语言。

（二） 大语言模型

近年来，大语言模型（Large Language Models，LLM）在多种自然语言处理任务上取得了令人印象深刻的结果，并表现出出色的涌现能力[2]。大语言模型指的是包含数百亿（或更多）参数、训练在大规模数据上学习深层结构和语义，获得的Transformer语言模型，其能够更有效地学习多模态数据中的模式[10]。当前常见的这类模型有GPT-3、GPT-4[4]、GLM系列、LLaMA等，通过预训练和微调等技术理解复杂的自然语言问题，结合庞大的知识库总结生成问题的答复，能够执行文本生成、摘要、翻译、情感分析等多种复杂任务[9]。部分大语言模型还可以进行量化技术实现服务的本地部署，例如智谱AI和清华大学孵化的ChatGLM3-6B，ChatGLM3。

参数超过100B大语言模型展现出了令人瞩目的生成能力，能够高质量地将自然语言翻译为所需的数据库交互输出（例如SQL）[13]。于是，借助大语言模型生成数据库交互语句的研究逐渐兴起。文献[13]中提到"在公开基准测试数据集Spider[12]中，利用大语言模型实现的翻译准确率已由过去的53.5%提高至85.3%，出现了质的飞跃"[13]。具体的，大语言模型与数据库交互方式主要分为零样本提示和少样本提示两种方法。其中，零样本提示直接让模型将自然语言翻译成数据库查询语句，其优点是灵活性高，缺点是语句生成质量低；少样本提示是通过几个翻译示例让模型学习，然后根据需求进行模仿、替换进而生成查询语句[13]。少样本提示概念在图 6 中有所体现。本文正是采用本地部署的 GLM3 模型，使用少样本提示的方式生成图数据库的查询语句。

三　欺诈检测系统的架构与实现

（一）系统整体架构

融合知识图谱与大语言模型的医保欺诈检测系统的整体架构如图 2 所示，由下至上分为数据存储层、数据处理层、应用展示层。

（二）数据存储层

数据存储层有两部分，分别存储欺诈检测分析结果的关系型数据库和图数据库。这些数据是由手机取证数据中的微信聊天记录，经大语言模型技术分析得到的结果。MySQL 数据库中，相关人与好友"收卖药品"关联信息数据表结构如表 1 所

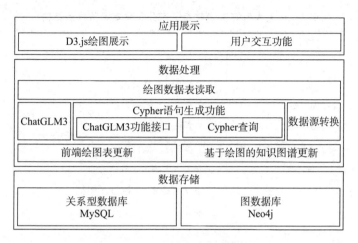

图 2　医保欺诈检测系统整体架构

示。该表存储某人与好友之间的药品交易关系，并对某人打上相应标签。例如 B 从 A 手中收药品，A 是开药人，B 默认是一级收药人（中间商）。

本系统使用 Neo4j 图数据库存储知识图谱。图数据库中有属性和标签的概念，其中的实体和关系都可以具有多个属性，每个实体和关系都必须拥有至少一个标签。标签表示实体或关系所属的类别。为了能够较好构建知识图谱，对图数据库中实体、关系和标签的设计是重要的工作，结合实际情况，本文对实体的标签和属性的设计，以及对关系的标签和属性的设计如表 2~表 4 所示。

表 1　相关人与好友"收卖"药品关联信息数据表结构

字段名	解释
id	主键
wechat_id	A（关系终点）微信 id
wechat_name	A（关系终点）微信昵称
source_id	B（关系起点）微信 id
source_wechat_name	B（关系起点）微信昵称
tag	A 的标签（普通人、收药人、开药人）
label	A 与 B 关系标签 1（收药、卖药）
type	关系标签 2
owner_name	相关人姓名
source_devices	取证设备编号

表 2　全局前端绘图数据表结构

字段名称	解释
id	唯一标识
name	节点名，是该相关人的微信昵称
wxid	相关人的微信 id
ntype	节点类型（开药人、收药人、一级收药人）
phone	相关人的电话号
idcard	相关人的身份证号
startNode	关系的起始节点 id
endNode	关系的终止节点 id
label	关系名（开药人、收药人）
type	关系类型，与 label 相对应
startNode_name	关系的起始节点 wxid
endNode_name	关系的终止节点 wxid
description	对应的节点或关系的详细描述
drug	该关系中涉及的药品

表 3　图数据库实体设计

属性、标签名称	解释
一级标签	相关人
二级标签	一级收药人、收药人、开药人
id	自动生成序号
wxid	相关人微信 id
嫌疑人类别	和二级标签相同
微信昵称	相关人微信昵称
电话号	相关人电话号码
身份证号	相关人身份证号

表 4　图数据库关系设计

属性、标签名称	解释
标签	收药、卖药、微信号
id	自动生成序号
startNode_ name	起始节点微信 id
endNode_ name	终止节点微信 id
label	与标签内容相同
drug	收药、卖药关系中的药品
description	关系中的信息
type	与 label 相对应

（三）数据处理层

数据处理层的多个功能之间存在如下的依赖关系。

1. 前端数据更新

为了将微信聊天记录分析结果整合成包含图谱信息的格式，系统处理以表1结构存储的数据，映射至表2所示结构的全局前端绘图数据表中，为后续的前端展示提供数据支持。

2. 知识图谱更新

为了将分析结果以图谱的形式存储，系统自动触发处理刚刚更新的全局前端绘图数据表，将处理后的数据上传到Neo4j图数据库，其中数据中的属性是与图数据库结构（表3、表4）一一对应的。

3. 翻译生成查询语句

为实现该功能需要大语言模型提供服务，所以本系统在本地服务器上部署ChatGLM-3大语言模型，总参数量为6B。ChatGLM-3模型被部署到显卡配置为2×RTX3090的服务器中，显存使用情况如图3所示，使用总量为13G~14G。根据业务需求编写相应的API接口程序，实现与大语言模型的交互。

该过程的细节如图4所示。其中表达不同需求的自然语言问句（N1-N3），以及它们对应的Cypher查询语句（C1-C3），

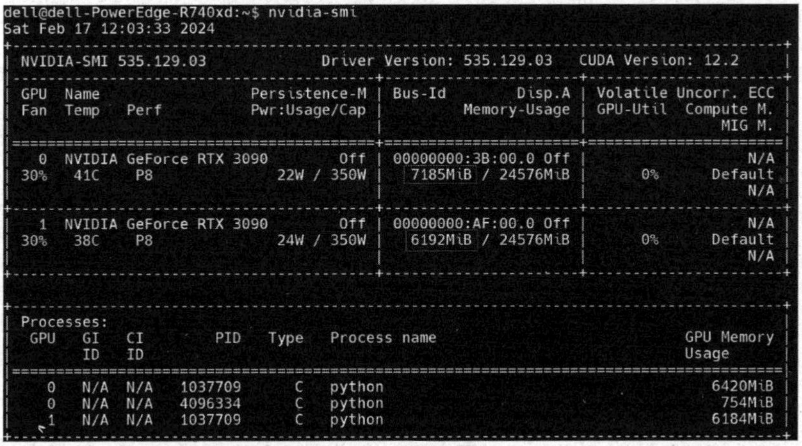

```
dell@dell-PowerEdge-R740xd:~$ nvidia-smi
Sat Feb 17 12:03:33 2024
+-----------------------------------------------------------------------------+
| NVIDIA-SMI 535.129.03      Driver Version: 535.129.03   CUDA Version: 12.2  |
|-------------------------------+----------------------+----------------------+
| GPU  Name        Persistence-M| Bus-Id        Disp.A | Volatile Uncorr. ECC |
| Fan  Temp  Perf        Pwr:Usage/Cap|         Memory-Usage | GPU-Util  Compute M. |
|                               |                      |               MIG M. |
|===============================+======================+======================|
|   0  NVIDIA GeForce RTX 3090     Off| 00000000:3B:00.0 Off |                  N/A |
| 30%   41C    P8        22W / 350W|   7185MiB / 24576MiB |      0%      Default |
|                               |                      |                  N/A |
+-------------------------------+----------------------+----------------------+
|   1  NVIDIA GeForce RTX 3090     Off| 00000000:AF:00.0 Off |                  N/A |
| 30%   38C    P8        24W / 350W|   6192MiB / 24576MiB |      0%      Default |
|                               |                      |                  N/A |
+-------------------------------+----------------------+----------------------+

+-----------------------------------------------------------------------------+
| Processes:                                                                  |
|  GPU   GI   CI        PID   Type   Process name            GPU Memory       |
|        ID   ID                                             Usage            |
|=============================================================================|
|    0   N/A  N/A   1037709      C   python                         6420MiB   |
|    0   N/A  N/A   4096334      C   python                          754MiB   |
|    1   N/A  N/A   1037709      C   python                         6184MiB   |
+-----------------------------------------------------------------------------+
```

图 3　大语言模型 ChatGLM-3 的运行环境

共同组成几组示例并构成大语言模型的提示。大语言模型将用户当前问题（N4）与所述提示计算相似性，并模仿生成内容后输出与问题（N4）对应的查询语句作为结果。本系统将 GLM3 模型翻译生成的 Cypher 语句，通过接口输入到 Neo4j 进行查询。

4. 数据适配

数据适配中包含数据源转换和绘图数据表读取两个功能，实现查询结果向绘图数据源的转换。

对 Neo4j 的查询结果是包含图谱信息的复杂且冗余的字符串。为了将字符串格式的信息转换成可展示的图数据，本系统采用正则表达式匹配方法，过滤结果字符串，将精确的节点、关系信息存储到如表 2 所示的全局前端绘图数据表。全局前端绘图数据表专门存储经过 Cypher 语句生成查询流程得到的前端绘图数据，作为绘图数据源，经接口以 JSON 的格式读取到应用展示层。

（四）应用展示层

本系统借助 D3. js 工具库在前端绘制图谱，并实现了例如点击、拖动、弹窗显示等可交互式功能。为了提高业务用户与知识图谱的交互体验，本系统预设了两个搜索查询交互功能，在前端使用 JavaScript 并配合后端 REST 服务接口来实现。搜索功能采用基于节点标签的搜索显示来实现。精确查询功能设置在弹出的侧边栏中，后端接口与翻译生成 Cypher 语句功能连接，负责向大语言模型 ChatGLM‐3 输入用户的提问，这些提问有几种固定的模式，具体示例见后续章节。

四　应用实例展示

本节将分步骤介绍该系统的应用实例，以图 4 的流程图展开。

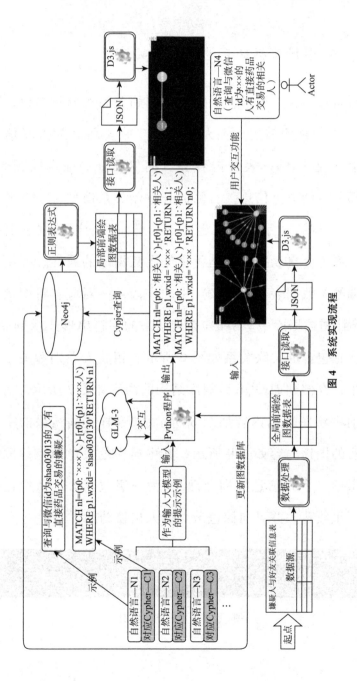

图 4　系统实现流程

（一）图谱数据的存储与更新实例

面向微信聊天记录，相关人类别和关系的分析结果，存储到 MySQL 数据库结构相关人与好友"收卖药品"关联信息数据表中（见表 1）。表中内容会自动更新全局前端绘图数据，左侧部分存储节点信息，右侧部分存储关系信息，关系的方向由节点信息的 ID 字段值决定。当全局前端绘图数据表更新完成后，系统会自动执行存储程序使图数据库的属性、标签与全局前端绘图数据表（见表 2）中的字段一一对应，将图谱更新到 Neo4j 图数据库中。Neo4j 查询结果的字符串形式示例如图 5 所示，其包含的关联关系如图 6 所示。相关人类别和关系的分析结果，存储到 MySQL 数据库结构的内容如图 7 所示，更新的全局前端绘图数据内容如图 8 所示，Neo4j 查询结果的字符串更新后的图谱内容如图 9 所示，其中居中的黄色节点是取证用户的微信（个人信息模糊处理），为一级收药人，从红色节点的人那里收药，并且向棕色节点的人出售药品。

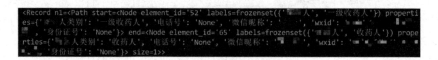

图 5　节点信息结果实例

```
<Record r0=<Relationship element_id='80' nodes=(<Node element_id='52' labels=frozenset() propert
ies={}>, <Node element_id='65' labels=frozenset() properties={}>) type='卖药' properties={'endNo
de_name': ████████, 'startNode_name': ████████, 'durg': 'None', 'descr
iption': 'None', 'label': '卖药', 'type': 'SERVE'}>>
```

图 6　关系信息结果实例

图 7　相关人与好友信息实例

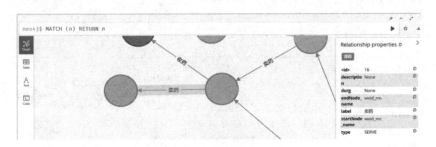

图 8　全局前端绘图数据表实例

图 9　图数据库更新实例

（二）自然语言操作知识图谱查询实例

设计的示例语句要尽可能覆盖到所有的图谱节点并包含用户可能查询需求，本文设计的几组问题和查询示例语句如表 5 所示。表 5 中第一列是几个自然语言问题示例，第二列是由问题翻译成的标准查询语句，第三列是查询示意图，深灰色节点代表开药人、白色节点代表一级收药人、浅灰色节点代表二级收药人（收药人）。深灰色虚线框代表当前查询语句可以找到的节点，这些节点和主体节点（微信 IDshao0）一起构成联通的关系图谱。

表 5　示例语句

问题（Qa）	查询语句（Cypher）	查询示意图
查询与微信 id 为 shao0 的人有直接药品交易联系的相关人	MATCH n1 = (p0:'相关人')-[r0]-(p1:'相关人') WHERE p1.wxid = 'shao0' OR p0.wxid = 'shao0' RETURN n1;	
查询与微信 id 为 shao0 的开药人有联系的下游一级收药人	MATCHn1=(p0:'开药人')-[r0]-(p1:'一级收药人')WHEREp0.wxid='shao03013' RETURNn1;	
查询微信 id 为 shao0 的一级收药人的上游开药人	MATCHn1=(p0:'开药人')-[r0:收药]-(p1:'一级收药人')WHEREp1.wxid='shao03013' RETURNn1;	

续表

问题（Qa）	查询语句（Cypher）	查询示意图
查询微信 id 为 shao0 的一级收药人的下游二级收药人	`MATCHn1=(p1:'一级收药人')-[r0]-(p2:'收药人') WHEREp1.wxid = 'shao03013' RETURNn1;`	
查询微信 id 为 shao0 的二级收药人的上游买药线索	`MATCHn1=(p0)-[r0*0..]->(p1) WHEREp1.wxid = 'shao03013' RE-TURNn1;`	
查询与微信 id 为 shao0 的人存在药品交易联系的所有上下游相关人	`MATCH n1=(p0:'相关人')-[r0*0..]-(p1:'相关人')WHERE p1.wxid='shao0' RETURN n1;`	

举例说明，如果用户在系统的 Web 页面选择查询的问题是"查询与微信 id 为×××的人有直接药品交易联系的相关人"，系统会匹配到表 5 中与之最相似的第一行的问题（Qa），GLM-3 模型会模仿第一行的查询语句（Cypher），生成表 6 中的 C_ ex1 语句，为了获得关系信息，程序脚本会自动生成 RE-TURNr0 的语句，结果是表 6 中的 C_ ex2，之后程序脚本将这

两个 Cypher 语句提交到 Neo4j 中查询。

表 6　Cypher 翻译结果

代号	Cypher 查询语句
C_ex1	MATCHn1＝(p0:'相关人')-[r0]-(p1:'相关人')WHEREp1.wxid＝'sweety' ORp0.wxid＝'sweety' RETURNn1;
C_ex2	MATCHn1＝(p0:'相关人')-[r0]-(p1:'相关人')WHEREp1.wxid＝'sweety' ORp0.wxid＝'sweety''×××' RETURNr0;

（三）前端呈现效果实例

图 10 是借助 D3.js 工具库在 Web 前端页面中绘制的关系图谱实例呈现效果。

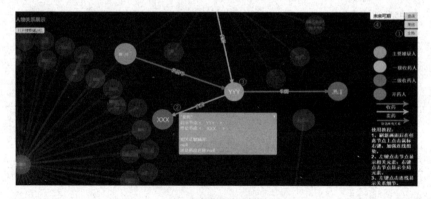

图 10　关系图谱实例呈现效果

图 10 中可以看到与微信昵称为"XXX"的节点相关的可视化图谱。该关系图谱的交互功能如图 10 所示。包括全局信

息显示、弹窗显示、局部信息显示（点击节点会突出显示与之直接相连的节点子图）和搜索显示（输入查询节点的标签会突出显示与之直接相连的节点子图）。

如图 11 所示，系统在前端界面的侧边栏中预设了六条自然语言查询问题，它们可以实现自然语言翻译 Cypher 语句功能，这些问题与表 5 中第一列的问题相同。

当用户选择"查询与微信号'YYY'有直接交易联系的相关人"，大模型生成对应的 Cypher 语句从 Neo4j 中得到结果，将结果进一步处理后显示出来，该图谱只包含与"ZZZ"有直接连接的节点，实例效果如图 11 所示。当用户想查询有关节点"ZZZ"的所有药品交易线索，可以选择第二个问题来查询，实例效果如图 12 所示。实例效果展示出主要收药来源和卖药途径。其他类型问题的查询与展示和上述两个实例相似（见图 11、图 12）。

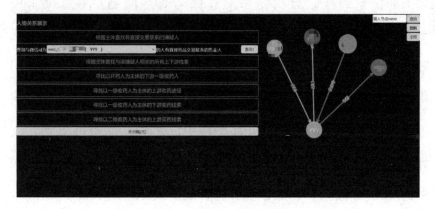

图 11　特定相关人查询实例结果（a）

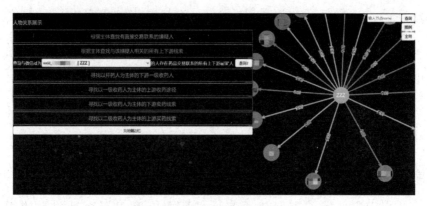

图 12 特定相关人查询实例结果（b）

五 总结

　　本项目构建了一个医保欺诈检测系统，为解决过程中存在的两个问题，本文提出了两个解决方案。一方面，针对包含复杂关联信息的线索分析结果的存储与表达问题，本系统采用Neo4j图数据库存储线索分析结果，充分建模数据关联，构建知识图谱，提高了信息表达质量。另一方面，针对检方业务用户难以操作图数据库的问题，本系统以可视化知识图谱的形式展示操作界面，并融合大语言模型生成图数据库查询语句，设计相关功能实现基于自然语言的交互，方便用户查询操作。文中的应用实例展示体现出本系统有效解决了上述两个问题。本文介绍的医保欺诈检测系统实现了聊天记录分析结果的有效存储，提高了业务用户对分析结果的查询效率，降低了查询难度，通过技术手段将倒卖药品线索结果更加清晰明确地展示给有关部门，且提供了智能化交互功能，为城市治理和建设智慧城市做出贡献。

参考文献

［1］萨日娜、李艳玲、林民：《知识图谱推理问答研究综述》，《计算机科学与探索》2022 年第 8 期。

［2］张鹤译、王鑫、韩立帆等：《大语言模型融合知识图谱的问答系统研究》，《计算机科学与探索》2023 年第 10 期。

［3］ OPENAI. GPT－4 Technical Report ［R］. ar Xive-prints：ar Xiv：2303. 08774，2023.

［4］Du Z，Qian Y，Liu X，et al. GLM：General Language Model Pretraining with Autoregressive BlankInfilling ［J］. 2021. DOI：10. 18653/v1/2022. acl-long. 26.

［5］Paulheim，Heiko. Knowledge Graph Refinement：A Survey of Approaches and Evaluation Methods ［J］. Semantic Web，2017.

［6］RobinsonI，Webber J，Eifrem E. Graph Databases：New Opportunities for Connected Data ［M］. O'Reilly Media，Inc. 2015.

［7］ 刘宇宁、范冰冰：《图数据库发展综述》，《计算机系统应用》2022年第 8 期。

［8］ 杨秋红：《基于大数据背景的 NoSQL 数据库技术分析》，《电脑知识与技术》2023 年第 19 期。

［9］ Zhao, W. X., Zhou, K., Li, J., Tang, T., Wang, X., Hou, Y., Min, Y., Zhang, B., Zhang, J., Dong, Z., Du, Y., Yang, C., Chen, Y., Chen, Z., Jiang, J., Ren, R., Li, Y., Tang, X., Liu, Z., Liu, P., Nie, J., & Wen, J. （2023）. A Survey of Large Language Models. Ar Xiv, abs/2303. 18223.

［10］ Vaswani A, Shazeer N, Parmar N, et al. Attention Is All You Need ［J］. ar Xiv, 2017. DOI：10.48550/ar Xiv. 1706. 03762.

［11］ 杨喆：《基于图数据库 Neo4j 的常见猪病知识图谱构建及应用》，华中农业大学，2023. DOI：10.27158/d. cnki. ghznu. 2023. 000889。

［12］ Yu T, Zhang R, Yang K, et al. Spider：A Large-scale Human-labeled Dataset for Complex and Cross-domain Semantic Parsing and Text-to-SQLTask ［C］//Empirical Methods in Natural Language Processing （EMNLP）, 2018, 3911-3921.

［13］ 范元凯、何震瀛、王晓阳：《数据库自然语言交互的新趋势——大语言模型时代下的机遇与挑战》，《中国计算机学会通讯》2023年第 12 期。

国土空间数智化治理的思考

李晓波　陈志远*

我们生活的国土虽然给经济社会快速发展提供了物质和空间保障，但也出现了资源环境灾害问题。城市的发展与建设都会落到国土空间上，需要空间供给，也受到空间约束。通过运用现代数字化和人工智能技术，智慧管理和利用好国土空间，实现人与自然和谐共生，是新时期中国式现代化建设的重要工作之一。

一　新时期国土空间治理需求

国土空间是国家主权管辖下人民生存和发展的场所和环

---

* 李晓波，自然资源部信息中心学术委员会主任，国家大数据专家咨询委员会委员；陈志远，上海数慧系统技术有限公司业务总监，长期从事自然资源信息化业务咨询工作。

境，是人类（人）与自然界岩石圈、水圈、大气圈和生物圈
（地）相互作用的有机整体系统。

自然提供给人类供给、调节、景观等资源环境文化服务，
同时人类在享用这些服务时人类活动也反作用于自然，影响自
然过程。如果过度消耗自然资源、破坏生态系统、严重影响和
改变自然界物质能量循环与平衡，超过了自然服务的承载极
限，将导致自然不可持续性、灾害性的反馈（见图1）。

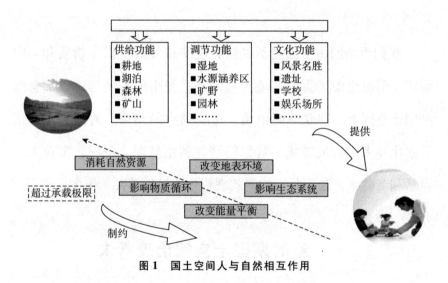

图1　国土空间人与自然相互作用

国土空间治理的核心目的是协调人地关系，使人类对自然
资源的开发利用控制在合理的范围内，实现人与自然和谐共
生。这也是中国式现代化的重要内涵之一。

国土空间治理的主要途径是通过科学规划国土空间开发与

保护布局，以政策为引导，以法律为准绳，以审批为抓手，科学有序实施各类与国土空间相关的建设开发、保护利用工程和项目，并以政府监管与社会监督为合力，对国土空间开发利用的一切活动进行严格监管，使之合规合法运作，促进人与自然的和谐共生（见图2）。

科学规划	政策引导	有序实施	监督管理	公众参与
构建统一的国土空间总体规划体系，并以国土空间规划为基础，编制各类涉及空间布局的专项和区域规划	制定国土空间政策和法律法规，用于规范和指导各类国土空间开发利用活动	以规划和政策为依据，有序开展各类国土开发利用工程和项目建设	严格控制城市开发边界，扎牢永久基本农田红线、生态保护红线	拓宽公众参与国土空间治理的渠道，提升公众参与能力和自治水平

图2　国土空间治理的主要途径

新时期对自然资源管理工作提出了"严控资源安全底线、优化国土空间格局、促进绿色低碳发展、维护资源资产权益"的新定位，要求及时发现并制止各类违规占用耕地和永久基本农田、生态保护和城市开发边界的行为，为经济社会高质量发展快速有效提供资源保障，保障企业和公民的不动产和资源资产权益。要履行好这一新的管理职责，必须通过技术和机制创新，全面推进国土空间规划、审批、监管、决策和服务工作全过程的数字化、智能化转型，提升国土空间治理能力的现代化水平。

因此，新时期国土空间治理对信息技术应用提出了新的需求。

实时发现违法违规行为。需要通过空天地海一体化智能监测，自动识别发现违法行为，并通过协调联动及时查处违法行为。

快速有效提供资源保障。需要通过智能审批，缩短用地、用矿和用海的审批周期；通过智能地质调查提高找矿能力。

系统监测评价资源状况。需要全面动态感知国土空间变化，定量评价各类自然资源的家底和开发利用水平。

科学制定战略规划政策。需要综合运用数据、模型和算法，提高战略判断与预测能力，推演评估规划和政策实施效果。

增强服务能力促进社会参与。需要为用户提供交互式智能问答和信息推送，为企业提供智能选址、智能报件服务。

二 以大数据+大模型为驱动
构建智慧国土

现代信息技术和对地观测技术飞速发展，正在引发以生成式人工智能和空间计算为技术特征的数字智能革命。特别是与国土空间治理相关的空间感知和智能分析等技术，将为我们构建智慧国土提供支撑。

空间立体监测技术。高分辨率卫星遥感、无人机、倾斜摄影、视频监控、物联网、行为互联网等技术的快速发展，形成了对国土空间立体感知技术体系，此技术体系可实时获取全域国土状况信息，提高对国土空间开发利用监管的现势性。高分辨率立体遥感测绘卫星可直接获取 1：10000 立体影像图。全景式、全天时视频监控技术使智能感知达到了全天时、更逼真。视频图像空间化（GIS）技术将目标精确定位到 GIS 地图，可在视频中准确定位目标位置

泛在网络技术。新型光通信、分组交换、RFID、自然人机交互、多接入等泛在网络关键技术的发展，使通信网与互联网、物联网更加融合。自然资源管理模式的网络化特征更加突出。

新一代人工智能技术。自动机器学习、深度学习、类脑神经计算、大模型等新一代人工智能相关技术的发展，正在引发链式突破，为实现自动的分析研判和管理决策提供有力支撑。人工智能（AI）是指在机器上实现类似乃至超越人类的感知、认知、行为等智能的技术，经历符号逻辑推理、专家系统、深度学习等重要演进过程，正进入以大模型为支撑、智能生成为特征的通用人工智能时代。

扩展现实与元宇宙技术。虚拟现实、增强现实、数字孪生、3D渲染等技术的发展，与云计算、区块链技术的结合，产生了元宇宙、孪生城市等新的数字生态，使得国土空间在数字空间得到更好的映射和展现。

习近平总书记2017年12月8日在主持"实施国家大数据战略"中共中央政治局第二次集体学习时强调，要运用大数据提升国家治理现代化水平。要充分利用大数据平台，综合分析风险因素，提高对风险的感知、预测、防范能力。[①] 习近平总书记在2023年7月全国生态环境保护大会上强调，要"深化人工智能等数字技术应用，构建美丽中国数字化治理体系，建设绿色智慧的数字生态文明"[②]。

"十四五"国家信息化规划提出："加强国土空间的实时感知、智能规划和智能监管，强化综合监管、分析预测、宏观决策的智能化应用。"[③] 运用大数据和大模型为特征的现代数字智能

① 习近平：《实施国家大数据战略 加快建设数字中国》，https://www.cac.gov.cn/2017-12/09/c_1122084745.htm.［2017.12.09］。

② 新华社：《习近平在全国生态环境保护大会上强调：全面推进美丽中国建设 加快推进人与自然和谐共生的现代化》，https://www.gov.cn/yaowen/liebiao/202307/content_6892793.htm？type=5.［2023.7.18］。

③ 中央网络安全和信息化委员会印发《"十四五"国家信息化规划》，https://www.gov.cn/xinwen/2021-12/28/content_5664872.htm.［2021.12.28］。

技术，建设智慧国土新业态，是新时期国家治理的新要求。

智慧国土是面向国土空间治理的全方位、全过程需求，以国土空间规划和自然资源管理理论为指导，充分运用大数据、人工智能等现代信息技术，以全面感知国土态势、系统科学规划决策、及时监管开发行为、高效提供资源保障和全面服务社会大众为目标，构筑国土空间数字化、智能化治理新模式、新机制。

智慧国土总体技术框架（见图3）主要包括泛在感知、全景国土、智能中枢和智能场景四大层次。

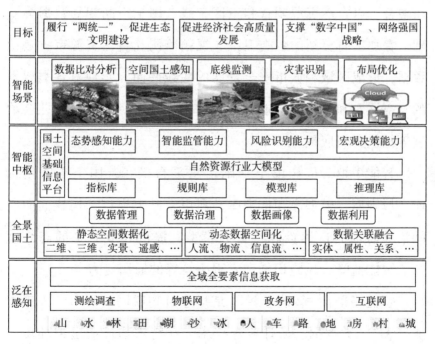

图3 智慧国土总体技术框架

泛在感知。通过测绘调查、物联设备、政务管理网络、互联网等方式和渠道，对国土空间全域全要素开展信息获取，加强天、空、地一体化数据采集能力，实现更全面、更高频、更精准，天空地网海一体化感知。

全景国土。以三维实景一张图为基础，强化国土静态空间数据的二三维一体化管理。对国土空间的各类动态流动信息进行空间化，构建动静结合的数字空间底座。以自然资源实体为载体，强化时间、空间、管理等关系的准确关联，实现信息全面融合。以自然资源调查和三区三线、国土空间规划数据为基础，叠加实时更新的各类卫星、视频监测和自然资源审批登记数据，形成区域和城市安全发展的底线底图。实现对各类要素的时空展示和时空分析能力，为城市规划、经济建设和社会治理等提供空间底板。

智能中枢。依托国土基础信息平台，完善国土空间指标库、规则库、模型库和推理库，利用基础大模型，构建面向空间治理需求的自然资源行业大模型，提供开放共享的态势感知、智能监管、风险识别和宏观决策等的通用能力。

智能场景。"智能场景"是指通过物联网（IoT）、人工智能（AI）、大数据、云计算等技术，在特定物理或虚拟环境中构建的智能化应用场景。它通过技术手段实现环境感知、数据交互、智能决策和自动化执行，以提升效率、优化体验或解决特定问题。具有"大历史跨度、大范围跨度、大业务跨度关联、大数据集中比对、地块级分析能力"等特点。

三　推进国土空间治理数智化转型

通过构建智慧国土，推进国土空间规划、审批、监管、决策与服务的全过程数字化、智能化，形成以数智化为支撑的国土空间治理新模式。

1. 智慧规划（见图4）。以国土空间"一张图"为基础，汇集众智，充分利用大数据、人工智能、云计算等技术，提升规划编制、审批、修改和实施监督全周期智能化水平。针对国土空间状况监测、安全底线管控、空间要素保障、空间格局优化等需求，从动态监测预警、分析评价研判、规划优化应对等方面搭建场景，支撑建设可感知、能学习、善治理、自适应的智慧规划。

2. 智能审批。利用规则管控模型，围绕指标计算、数据验证、权限控制、流程管控等维度，提供关键数据自动提取、业务指标自动比对、审批规范实时提醒、办理过程自动核验等能力支撑，实现自然资源全环节智慧审批。

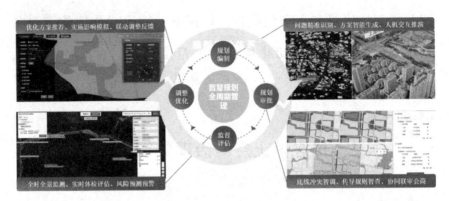

图 4　智慧规划概念图

3. 智能监管（见图 5）。利用 CV 大模型和空天地网监测手段，实现变化自动发现，事前、事中、事后全过程监测、分析、预警与评估监管。

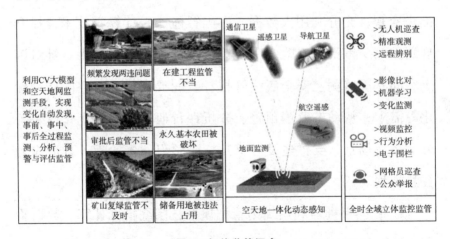

图 5　智能监管概念

4. 智慧决策。智慧决策范围非常广泛，从决策信息的查询推送、决策指标的自动计算到基于模型的分析预测等，如下面的智能化分析应用。

智能推送。自动计算并推送耕地总规模、增长率以及人均耕地规模等关键指标信息、耕地细化结构及变化原因信息、决策意见或结论信息，辅助领导决策。

形势分析。基于自然资源现状情况，对多层级空间单元的关键指标进行多年度、多类型、多维度综合比对分析。

趋势预测。对耕地保有量、土地供应量、自然灾害数量等关键指标进行多年度自动对比，分析相关指标年度变化趋势，对未来变化情况进行预测推演。

效果评估。构建定量化评价评估指标体系，对生态修复、土地整治、低效用地盘活、耕地复垦等工程项目实施效果进行自动化定量评估。

5. 智能服务。面向自然资源部门、企业、群众等各类用户对象，充分利用新一代人工智能技术，依托规则库、知识库、模型库，提供智能选址、多方案比选、政策咨询、产业招商等智慧服务，提升行业服务质量。

总之，现代信息技术的发展和应用将使我们能够更加全面系统掌握国土空间的状态和变化趋势，智慧规划和配置国土空间资源，实时严格监管人类开发利用活动，动态协调人地关系，也将使我们生活的家园更加安全和美丽。

公共数据要素化方法和价值释放

易修文[*]

数据是数字经济时代重要的生产要素，是构建新发展格局的重要支撑。然而，当前数据和应用高度耦合，数据无法在不同应用间共享，不同应用产生的数据无法连接。为此，本文提出了一套面向公共数据的要素化方法。首先，以人、地、事、物、组织五类实体、实体间关系及其属性作为数据要素的原子描述。其次，设计研发一套工具来承载这套理论，让应用产生的数据字段跟要素的原子描述关联。再次，依靠基层治理业务牵引，通过灵活配置的方式高效构建各类服务，进而产生数据要素。最后，设计一套公共数据产权结构性分置制度，促进公共数据的安全有序流通。

* 易修文，京东城市数据科学家，北京市科技新星，博士。

一 公共数据的要素化是数据
战略的重中之重

数据作为生产要素是数字经济发展的核心动能。在数字化转型的背景下，数据要素对于推动经济增长、优化资源配置、提升产业链现代化水平具有重要的战略意义。2023 年 2 月，中共中央、国务院印发的《数字中国建设整体布局规划》明确指出，要夯实数据资源体系，畅通数据资源大循环，推动公共数据汇聚利用，释放商业数据价值潜能。该规划标志着正式拉开了攻关数据要素这个关键问题的序幕。2023 年 12 月，国家数据局等 17 个部门联合印发的《"数据要素×"三年行动计划（2024—2026 年）》也明确指出，发挥数据要素的放大、叠加、倍增作用，构建以数据为关键要素的数字经济，是推动高质量发展的必然要求。这一行动计划为数据要素的研究与应用前景指明了方向。

《中共中央 国务院关于构建数据基础制度更好发挥数据要素作用的意见》（又称《数据二十条》）中将城市数据主要分为三类：公共数据、企业数据和个人数据。公共数据特指政府机关以及相关事业单位在提供公共服务过程中产生的数据。首先，这部分数据政府具有很强的推动力和掌控力；其次，这些数据的信息化基础非常好；最后，公共数据的应用场景特别多，并且与民众的衣食住行息息相关。因此，公共数据的要素化是数据战略的重中之重。

我们对公共数据进行了分类，将其分为公共业务数据和公共数据要素（见表1）。这两类数据的一个重要划分标准是，如果某块数据仅对该应用本身产生价值，则称之为业务数据；如果该数据能够对不同业务应用都产生价值，则称之为数据要素。

表1　公共数据的细分类别

数据种类	不涉及个人信息		涉及个人信息	
	细分类别	产生方式	细分类别	产生方式
公共业务数据	业务管理数据（工作执行过程、服务审批记录、事件处置结果、居民反馈建议、信息统计报表等）	政务系统自动生成、政务人员输入创建	个人信息数据（如证件号码、出生年月、联系方式、家庭住址、工作单位、健康状况、家庭成员及个人物产等）	居民自主填报委托他人填写
公共数据要素	普通数据要素（如组织、物件、地点和事件的常用属性及关联关系）	智能系统自动形成、人机协同治理产生	个人信息要素	系统感知提示居民逐个授权

公共业务数据是各级党政机关、企事业单位依法履职和提供公共服务过程中产生的业务数据，包含业务管理数据和个人

信息数据。业务管理数据包括工作执行过程、服务审批记录、事件处置结果等；个人信息数据则包括证件号码、出生年月等信息。这类业务数据中的个人信息只能服务于产生该数据的业务系统，技术上不能、制度上无法在不同应用间自动共享。

公共数据要素是由大数据局等数据管理部门对公共业务数据加工后形成的能够在不同部门间共享流通的数据。公共数据要素包含两类子类。第一类是基于业务管理数据构建的普通数据要素，如组织、物件、地点和事件的常用属性和关联关系，用于解决不同政务部门间的信息共享问题。第二类是基于各种个人信息数据形成的个人信息要素，用于解决居民在不同公共服务中反复填报信息和提供冗余证明的问题。个人信息数据属于某个具体的业务，而个人信息要素能在不同应用间共享，支撑不同的业务需求。

二 构建公共数据要素面临的挑战

1. 缺少简捷有效的公共要素理论体系

目前的数据资源难以互认，或只能在小范围内互认。尽管我们已经制定了许多数据标准，但由于其使用范围有限且缺少相应的工具，所以难以推广，其依赖于用户的实际执行情况。

2. 缺乏高效的数据要素构建技术

目前的数据要素依赖于数据治理，而数据治理模式过分依赖人工，且是在数据产生后的治理，需要集中式归集所有数据，但数据治理的速度远远跟不上数据产生的速度。

3. 在公共数据要素使用过程中，缺乏实际的产权运行机制，导致工作推进困难

基层工作者每天接触大量的民众数据，一方面基层工作者提供了许多数据，但在很多情况下却无法有效利用这些数据。另一方面，数据业务部门和数据管理部门之间的权限划分不清，例如卫生健康委、城管等部门与大数据中心局对同一批数据的产权责任难以区分，这也是一个大的痛点。民众对于数据的确权和使用也非常模糊。

三 公共数据要素化的目标

为了解决面临的挑战，我们提出了公共数据要素的三个目标，并提出了一套基于城市知识体系的数据要素理论，为承载这套理论构建了一个自动化工具（见图1）。此外，为了发挥这些工具的价值，需要一个强有力的业务抓手，我们以基层治理业务为抓手，构建了一个政民互通平台。同时，还需要一套公共数据产权运行机制来保障整套机制的运行。

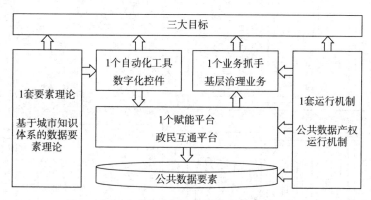

图1　城市公共数据要素构建方法

针对公共数据要素的三个目标，就传统而言，每个业务应用会产生一波业务数据，这些数据在整个业务应用中是灵活的。但一旦这些数据离开了原有的业务系统，就会发现其在其他业务应用中无法互认。

首先，数据要素的第一个目标，数据要与应用分离（见图2）。使A应用的数据能在B应用和C应用中互认，只有解决这个问题，才能称其为数据要素，否则它仅仅是业务数据。

其次，数据要素能够自动产生和更新，不能依赖于事后人工治理模式。例如，当用户1在应用A中提交信息后，"人1""地1"实体及其属性以及两个实体之间的关系和属性，必须自动在数据要素层形成。同样的，当用户1在应用B中填报信息（如"工作单位、单位地址"）时，也会自动生成"组织1"

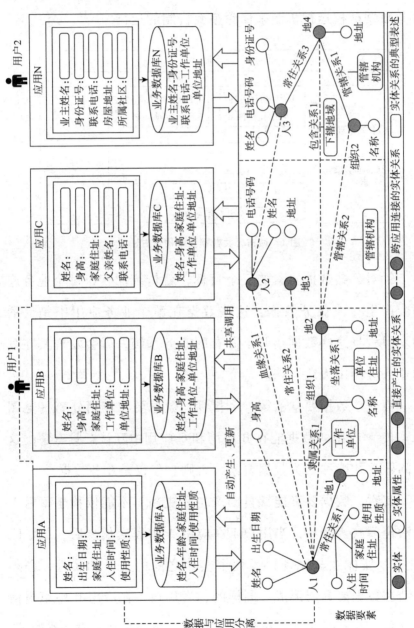

图 2 数据要素三大目标

"地2"实体及其属性和两者之间的关系（"坐落关系1"）。

最后，不同应用之间的数据要素能够自动关联和连接。例如，在 A 应用中，张三可能提供了他的手机号码和身份证信息，而在 B 应用中，他填报了家庭住址和车辆记录。这些信息必须能够关联起来，形成张三在现实生活中所有信息的汇聚。否则，即使数据汇聚在一起，也无法产生更高层次的价值。

四 基于城市知识体系的数据要素理论

针对整个数据要素目标，我们提出了一套基于城市知识体系的数据要素理论（见图3）。这套理论是基于我们过去几年在"一网统管""一网通办""一网协同""数据感知""一网管理"等方面的实践。我们在几十个城市中开展了智慧城市业务，逐渐发现尽管不同业务的主体各异，但城市内的业务核心都涉及人、地、事、物、组织五大实体，以及它们之间的相互关系和属性。基于这些要素，我们构建了一套数据要素体系。例如，业务应用数据可以通过数据要素中的实体关系来表达。这项工作严重依赖人工经验和人工提炼，因此是一个持续的过程。然而，只要有了这套体系，城市中的所有数据都可以有统一的表达方式，这是公共数据要素互认的重要前提。

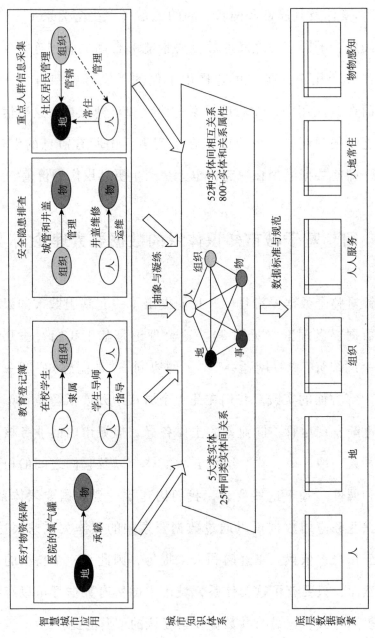

图 3 数据要素理论

城市知识体系的内容包括五大类实体（人、地、事、物、组织）、76 类实体间关系以及 600 余项实体及实体关系属性。实体间关系由同类关系和相互关系组成。例如，人地关系包括常住、访问、途径等关系；组织-组织关系包括从属、协助、竞争等关系。每类实体和实体间关系都有相关属性，例如，物的属性包括名称、重量等；人地常住关系的属性包括入住时间、结束时间、常住类型等。人地常住关系是对家庭居住、旅游度假、工作派驻、医学隔离、健康疗养等十余种业务场景的抽象表达，其本质都是一个人实体在一个地实体上驻留了一段时间。这些实体、关系和属性具有高度的概括性和普适性，可以组合起来描述不同的业务场景，便于用户理解和使用；同时，它们高度精练、数量有限，便于系统实现和开发调用。

另外，在有了这套数据要素体系后，还需要有一个工具将理论转化为实际应用。因此，我们打造了一套数字化控件工具。数字化控件通过应用界面配置、用户交互反馈、数据要素转化三步，衔接专家学者、业务人员和居民用户三类人群，融合专家智能、业务智能、大众智能和机器智能四大智能，完成公共数据的要素化。其核心在于将知识体系中的实体关系属性转化为控件。

在新的业务应用中，每次都需要配置一个新的业务表单，传统的控件通过文本方式呈现，背后产生的数据无法自动解析，需要人工处理。而通过数字化控件配置的表单，用户填写的数据可以被机器自动理解，因为这些表单背后与知识体系相关联。由于知识体系中的某些内容相对抽象，为了便于规模化推广，我们通过优化用户交互，使用户无须了解知识体系即可配置表单。

具体来说，数字化控件工具包含四个方面。1）业务逻辑。所有配置的表单，如社区、街道、教委等，不论应用场景，都有复杂的业务逻辑。2）实体关系框架。系统内设计了实体关系框架，通过"框内有关、框外无关"的模式进行设计。3）关系术语。例如"人地常住地址"可能听起来抽象，但如果具体化为"家庭住址"或"学生宿舍"，用户会更容易理解。4）用户交互优化。通过优化交互设计，使用户无须了解复杂的知识体系即可配置表单。

为了让这个工具得到有效应用，需要一个业务抓手。我们发现基层的业务种类繁多、琐碎，而且很多需求具有临时性，可能在三天、五天或一个月内就需要完成，很多时候甚至没有时间建立信息化系统。此外，不同地方对于同一业务的处理流程也存在细微差异，这导致传统的信息化建设模式存在以下问题。一是时间滞后性，二是新业务难以实施，三是底层业务系统过多。然而,基层对公共数据要素的需求最为强烈,其价值也最大。许多基层治理工作伴随城市中的突发情况,具有较强的临时突发性,如疫情防控带来的风险人员排查管控、转运隔离等工作,医院失火引发的公共场所安全排查工作,防洪防汛带来的紧急救援、物资分配等工作。由于任务紧急,这些工作要求在短时间内完成,而且事发突然,难以预留时间提前准备。即便政府愿意花钱建设信息化系统,也未必来得及开发。当这些突发情况结束后,这些工作将不再是重点,使用频率大大降低,形成了一个个脉冲式的短期高频紧急需求。如果为每一个短期需求都建设一套系统,事后就会造成资源浪费。

针对这种情况,我们构建了一套政民互通平台。这个平台的核心在于抽象出一些通用的底层原子能力,新应用可以通过这些原子能力以积木化的方式快速搭建。例如,对于新的应用场景,如老人慰问或征兵等,通过这个系统,只需十分钟就可以搭建出来,而不再依赖传统信息化建设模式。在这个平台上,底层的原子能力与我们之前提到的数字化控件和知识体系相结合,产生的数据要素能够实现互认。此外,这个平台还包含地理层级、实体台账、任务体系、信息互通和权限体系五大原子能力。地理层级是城市管理和服务的地理数据基础,起到规范数据、明确责任和辅助分析的作用;实体台账是长期管理人、地、物、组织的活跃登记簿；任务体系是跨部门、跨层级、政民联动的任务协同管理器；信息互通是高效开通居民上报信息和下发通知的服务通道；根据用户身份，权限体系实现了政务工作者和居民对不同信息平台功能、应用和数据的访问控制。

一旦这套系统投入使用，各级职能部门和各级领导会关注数据的产权模式。《数据二十条》中已经列出了一些关于数据产权的法理依据，同时在实际操作中也有一些底层技术支持，如权限管理技术（RBAC、ABAC）、隐私保护（加密、去识别化）以及系统安全技术。为此，我们提出了一套基于"两类数据、三类权属、四方共建"的数据产权分置技术，并设计了公共数据确权授权机制和个人信息确权授权机制，保障整套系统的运行。在这套系统中，数据产权机制涉及四方业务主体。1）居民。居民拥有数据资源的持有权。简单来说，居民对自己的个人信息（如姓名、家庭住址、手机号）有新增、修改和删除的权利。这包括个人业务数据和数据要素，前者只服务于单个业务，后者可以在不同业务之间共享流通。2）基层工作者。社区街道的工作人员及更上层的人员具有数据的加工使用权，他们可以对原始数据进行统计、分析和处理，并转换成新的数据产品，但不能删除原始业务数据。3）业务管理部门。

如教委、城管、卫健等部门，这些部门在特定权限范围内使用和加工数据，但不拥有数据产权。4）数据管理部门。大数据管理中心拥有数据产品的经营使用权，但这种经营使用权仅限于普通数据要素产品，不包括业务数据和更高级的数据要素。

五 结语

通过上述技术、机制与系统，构建的公共数据要素具有三方面价值。第一，支撑公共业务的贯通。解决居民多头采集和重复填报的痛点，并解决一线工作人员缺乏数据的问题。此外，提升不同职能部门在处理同一事务时的跨部门和跨层级的协同能力。第二，辅助智能决策。帮助更高级的领导者进行政务智能决策。数据要素可以实现自动化聚合和态势分析，并通过底层信息的连接形成更高层次的知识图谱，辅助价值决策。第三，支撑数据流通交易。当前数据交易存在点对点处理的问题，无法规模化。上述方案可以解决数据交易的规模化和线上化问题，对整个数据交易领域具有重要启示。

不同导向下城市数字化
转型的三种模式

楚天骄[*]

现代城市是工业革命的产物，始终跟随技术进步而不断转型。但正如美国历史学家斯塔夫里阿诺斯所说的那样，虽然人类正在获得越来越多的知识，变得越来越能依照自己的意愿去改造环境，但却不能使自己所处的环境变得更适合于居住。技术至上与以人为本这两种城市发展思想的此消彼长始终贯穿于城市转型发展历程。2008 年之后世界各地广泛推动的智慧城市建设是城市开始推进数字化转型的重要标志。2008 年 11 月 28日美国外交关系协会（Councilon Foreign Relations）召开了"技术、国际关系和主权"研讨会，时任 IBM 公司首席执行官

* 楚天骄，中国浦东干部学院教授，城市现代化研究中心主任，兼任教育部战略研究基地科技创新与发展战略研究中心研究员，澳门科技大学客座教授。

的彭明盛（Samuel Palmisano）第一次提出了"智慧地球"（Smart Planet）的概念，并于 2010 年开始推广智慧城市的最佳实践。德勤于 2018 年 2 月 12 日发布的《超级智慧城市报告》（Super Smart City：Happier Society with Higher Quality）称，全球已启动或在建的智慧城市达 1000 多个。在这些城市中，有的是在高度的技术理性导向下进行的，有的高度强调了人本主义导向，更多的城市处于两个极端中间的某个位置。笔者选择了这三种情况下具有代表性的城市多伦多、巴塞罗那和新加坡，作为城市数字化转型的三种典型模式来加以分析，以讨论不同的理论导向对城市数字化转型的影响。

一 贯穿现代城市发展过程的两种导向

（一）以霍华德"田园城市"为代表的人本主义导向城市发展思想

霍华德出生于英国的平民家庭，曾被伦敦政府授权进行城市调查并提出一整套的整治方案，其工作思路明显受到了当时英国社会改革思潮的影响，对种种社会问题如土地所有制、税收、城市贫困、城市膨胀、生活环境恶化等，都进行了深入的调查与思考，并希望通过改革解决这些问题。

霍华德的著作《明日：一条通向真正改革的和平之路》（To-morrow：A Peaceful Path to Real Reform）1898 年 10 月正式出版，1902 年第二版时书名改为《明日的田园城市》（Garden Cities of To-morrow）。霍华德认为，城市拥有经济和社会机会，但也有着过度拥挤的住宅和骇人的物质环境。乡村提供了广阔的田野和新鲜的空气，但是只有太少的工作岗位和极少的社会生活。他希望通过在大城市范围之外的乡村建设全新的城镇来对城乡隔绝的发展模式进行修正，获得城镇的所有机会和乡村的所有品质。他在书中写道："城镇和乡村必须联姻，从这个快乐的结合中将孕育出一个新的希望，一个新的生活，一个新的文明。"他设想："在'城镇-乡村'中，比在任何拥挤的城市中，都可以享受不但同等甚至更好的社会交流的机会，与此同时，自然的美景仍然可以围绕和拥抱每个身居其中的居民；更高的工资与减少的租金和费用如何不矛盾；如何可以确保所有人的就业机会和光明的发展前景；资本可以如何被吸引，财富可以如何被创造；最令人惊叹的卫生条件如何得到保证；过量的雨水、农民的绝望，如何被利用来产生电灯照明和驱动机器；空气可以如何避开烟雾保持清洁；美丽的家园如何可以在每一双手中出现；自由的限度可以如何被扩宽，还有协力合作的所有最好的结果可以如何被一个快乐的人类收获。①"

霍华德自始至终所倡导的都是一种全面社会改革的思想，他更愿意使用"社会城市"而不是"田园城市"（更多体现的是关于形态的概念）来表达他的思想，并以此展开他对"社会城市"在性质定位、社会构成、空间形态、运作机制、管理模式等方面的全面探索。他的出发点是基于对城乡优缺点的分析以及在此基础上进行的城乡之间"有意义的组合"，他提出了用城乡一体的新社会结构形态来取代城乡分离的旧社会结构形态，融生动活泼的城市生活优点和美丽、愉悦的乡村环境为一体的"田园城市"将是一种"磁体"②。因此，从空间形态上看，这种田园城市必然是一组城市群体的概念：当一个城市达到一定的规模后应该停止增长，要安于成为更大体系中的一员，其过量的部分应当由邻近的另一个城市来接纳。

现代城市学者认为，霍华德的"田园城市"思想"摆脱了传统的城市规划主要用来显示统治者权威或张扬规划师个人审美情趣的旧模式，提出了关心人民利益的宗旨，是人文主义城

---

① Howard, Ebenezer. To-Morrow: A Peaceful Path to Real Reform. London: Swan Sonnenschein & Co., Ltd., 1898.

② 沈玉麟：《外国城市建筑史》，中国建筑工业出版社，1989。

市思想的典型代表"①。

（二）以柯布西耶"明日之城"为代表的技术理性导向城市发展思想

勒·柯布西耶是现代建筑运动与城市规划的先驱者和主将，也是影响现代建筑运动和现代城市规划的最重要的思想家，对于西方建筑和城市规划中"机械美学"和"功能主义"思想体系的形成和发展具有决定性的作用②。

与霍华德社会学家的身份不同，柯布西耶是以建筑师的身份，从现代建筑运动的思潮中引发关于现代城市规划的基本构思，带有强烈的功能和理性主义的色彩。他的城市规划设计格外强调技术，"力图寻求一座城市的发展纲要并提出本身即为现代城市规划平衡状态下的基础性分类规则"③。他的城市发展思想和规划理念在他的其他作品和规划方案中得到了充分体现。1933 年，柯布西耶主持创立国际现代建筑协会并制定全面阐述现代城市规划理论的《城市规划大纲》（又称《雅典宪

---

① 张京祥：《西方城市规划思想史纲》，东南大学出版社，2005，第 94 页。
② 张京祥：《西方城市规划思想史纲》，东南大学出版社，2005，第 113 页。
③ 〔法〕柯布西耶：《明日之城市》，李浩译，中国建筑工业出版社，2009，第 16 页。

章》），出版了《光辉城市》一书。1951 年柯布西耶受聘负责印度东旁遮普邦首府昌迪加尔的规划工作，将自己的规划思想贯穿其中。规划将整个城市划分为面积约 100 公顷的方格，形成邻里单位，邻里单位中间与绿化带相结合，设置纵向道路，绿化带中布置学校和活动场地。城市实行功能分区，包括政府部门区域、商业区域、金融区域、住宅区域等，区域之间以宽敞的绿化带隔离，道路分为主要交通要道、次要街道、商业街道、居民区街道等。街道全部采用数字和拉丁字母标号，各个区域也都采用数字方式代表。整个规划功能明确，布局规整，体现出高度理性化。柯布西耶的著作和城市设计方案特色非常鲜明，无不彰显着高度的"技术理性"和"功能理性"。

尽管柯布西耶的城市发展思想在当时有其先进性，但是，过于机械的功能分区、技术理性和机械美学设计忽视了城市中人的因素。以昌迪加尔为例，这个完全按照柯布西耶的规划图建设起来的城市在当时以布局规整有序得到广泛赞誉。但是后面却暴露出很多社会问题，庞大而理性的城市空间与宽敞的街道符合庄严和精致构图的需要，但给人们的生活造成了不便；严格的功能分区损害了城市的活力；来自西方的规划理念脱离了印度国情，忽视了当地的人文背景。

19 世纪 60 年代以后，随着人们对人文、社会因素的日趋重视，柯布西耶的机械理性城市发展思想也受到了越来越多的怀疑与批判。许多西方城市发展评论家从社会立场、设计社会性等方面对柯布西耶的思想展开了激烈的批评①。虽然柯布西耶的城市思想是为了改变工业革命对城市造成的无序和混乱，但过于追求机械美、技术理性与功能理性令他的理论和实践都不可避免地盖上了时代局限性的烙印。

（三）从技术理性走向人本主义

20 世纪 60 年代以来，人们越来越重视人在城市中的主体地位，学者们从多个角度探讨了市民参与城市治理的问题。例如，简·雅各布斯（Jane Jacobs）在她 1961 年出版的权威著作《美国大城市的死与生》中对长期被视为人本主义城市发展思想的"田园城市"提出了尖锐的批评，认为田园城市概念最大的缺陷是"就像所有乌托邦一样，制订重要计划的权利只属于负责的规划者"，而生活其中的人们无从为自己的生活和城市制订自己的规划②。

雅各布斯的观点反映了当时城市规划界对城市发展思想和

---

① J Jacobs. The Life and Death of Great American Cities. Jonathan Cape，1961.

② 〔美〕简·雅各布斯著，金衡山译：《美国大城市的死与生》，译林出版社，2020。

城市规划理念的反思。自 20 世纪 60 年代中期开始，城市规划的公众参与成为城市规划发展的一个重要内容，同时也成为此后城市规划进一步发展的动力。达维多夫（P. Davidoff）在 20世纪 60 年代初提出的"规划的选择理论"（A Choise Theory of Planning）和"倡导性规划"（Advocacy Planning）概念，就成为城市规划公众参与的理论基础。达维多夫从不同的人和不同的群体具有不同的价值观和多元论思想出发，认为规划不应当以一种价值观来压制其他多种价值观，而应当为多种价值观的体现提供可能，规划师就是要表达不同的价值判断并为不同的利益团体提供技术帮助。城市规划的公众参与，就是在规划的过程中要让广大的城市市民，尤其是受到规划内容所影响的市民参加规划的编制和讨论，规划部门要听取各种意见并且要将这些意见尽可能地反映在规划决策之中，成为规划行动的组成部分，而真正全面和完整的公众参与则要求公众能够真正参与到规划的决策过程之中。1972 年召开的第一次联合国世界环境会议通过的《人类环境宣言》，开宗明义地提出：环境是人民创造的，这就为城市规划中的公众参与提供了政治和思想上的保证。其实，不仅仅是城市规划，城市发展中的任何公共政策的制定，都应该更加重视公众参与，所幸的是，公众参与现已成为许多国家城市规划立法和制度的重要内容和步骤。

从世界范围来看，城市转型始终受到技术理性导向和人本主义导向的共同影响。技术理性导向将技术视为城市发展的支柱和基础，在现实功利主义驱动下，这一导向长期居于主导地位。随着时代的进步，人本主义导向的影响力在不断提高，已经超越技术理性导向成为主导力量，驱使城市回归以人为本的核心价值取向。2020 年 10 月 31 日，联合国人居署发布《2020 年世界城市报告》，强调"真正的智慧城市以人为本"，智慧城市的科技创新要以人为中心、以人为驱动①。可见，"以人为本"已经成为城市数字化转型中的共同理念②。

二 极端技术理性导向下的城市数字化转型：多伦多模式

2017 年 10 月，加拿大多伦多市政府宣布，沿安大略湖边一块近 5 公顷的高价建设用地由谷歌的母公司字母表（Alphabet）获得开发权。

---

① UNHABITAT. World Cities Report 2020. 2020. 10. 31. https://unhabitat. org/sites/default/files/2020/10/wcr_2020_report. pdf.

② WEF、腾讯研究院：《重塑中小城市的未来：数字化转型的框架与路径》，2022 年 5 月，https://cn. weforum. org/publications/shaping-the-future-of-small-and-medium-sized-cities-a-framework-for-digital-transformation/。

谷歌（Google）首席执行官拉里·佩奇（Larry Page）早在 2013 年就曾提出想打造一座"谷歌之岛"的梦想，谷歌创始人、前首席执行官，字母表首席执行官埃里克·施密特（Eric Emerson Schmidt）也曾说过："给我们一座城市，让我们负责。"谷歌于 2015 年 6 月成立了人行道实验室（Sidewalk Labs），由前纽约副市长多克托洛夫（Doctoroff）任首席执行官，业务重点是开发新的技术、平台用以解决城市生活成本、交通效率、能源使用等问题。人行道实验室一成立，就开始致力于"买下一座城市"的项目筹备，购买目标可能是一座已经进入了经济衰退，但是能够容纳上万居民的城市，谷歌则在这座城市当中充当"房东"的角色，致力于为居民打造一个高度科技化的居住环境。在谷歌的智慧城市愿景中，自动驾驶公共汽车将完全取代私家车；交通信号灯能够自动跟踪行人，追踪自行车和车辆的移动；机器人通过地下隧道运输邮件和垃圾；所有建筑都可以通过扩展模块适应公司或家庭的成长、变化。

2017 年，从事多伦多市旧区改造的国有公司滨水多伦多公司发布了多伦多码头区开发需求，并说明在政府资源"受限"的时代，需要"创新的伙伴关系、资金和投资模式"。多伦多码头区（滨水区）毗邻安大略湖，占地 700 多英亩，约 3 平方千米。这片广阔的土地上遍布了各式各样的钢筋水泥建筑、管道和电力供应设备、停车场、冬季船坞，还有建于 1943 年用于存储大豆的圆筒谷仓，是航运港的工业遗迹。该区域已荒废多年并存在污染，似乎刚好就是谷歌想要改造的城市类型。果然，谷歌公司中标了这片区域的智慧城市建设项目。中标后，人行道实验室与滨水多伦多公司合资成立了人行道多伦多公司（Sidewalk Toronto），专门负责智慧街区项目的开发。

2019 年 6 月，该项目发布了长达 1500 页的智慧城市规划草案《多伦多的明天：实现包容性增长的新途径》（Toronto Tomorrow：A New Approach for Inclusive Growth）。按照该草案，多伦多智慧城市项目将先开发码头（Quayside）街区的智慧项目。该街区位于多伦多滨水区南部，总面积约 4.9 公顷。在多伦多市政府的规划中，这片区域将"创建成为加拿大最可持续的低碳智能社区之一，为所有年龄、背景、能力和收入的人们提供服务①"。人行道多伦多公司规划的码头（Quayside）街区智慧项目主要包括交通、公共空间、建筑、能源系统和公共设施 5 个方面的智能系统。例如，智能交通系统包括轻轨交通系统、共享交通服务、集成的交通付费系统，还有针对寒冷天气

---

① 滨水多伦多官网，https://waterfrontoronto.ca/nbe/portal.waterfront/Home/waterfronthome/projects/quayside/，最后访问日期：2019 年 6 月 24 日。

设计的自动加热的人行道等。为了实现智能化改造，项目涉及的所有街道都会被安装上摄像头，建筑物内部及地下空间部分也将全部安装摄像头，所有的监控设备都会连接到城市的智能系统和控制系统。在注重隐私的加拿大社会，安装大量的摄像头受到当地社区的质疑和批评，甚至有部分摄像头遭到破坏。

随着项目的推开，资金保障也受到挑战。项目投资的90%来自谷歌，2020年新冠疫情暴发之后，谷歌公司的广告收入锐减，甚至难以支持人行道实验室的资金投入。

2020年5月7日，人行道实验室宣布终止多伦多智慧城市项目，2020年11月该项目正式进入破产清算阶段。这个项目从规划公布，到宣布终止，只用了不到一年时间。

多伦多智慧城市项目失败的原因有很多，但过于强调和依赖技术，忽略人的参与和感受是最主要的原因。对于智能手机操作系统创造者谷歌的工程师来说，智慧城市更像一部智能手机，智慧城市建设者和管理者就是智能手机的操作系统创造者、应用程序App设计者与网络运营商。智慧城市设计者将自己视为一家平台供应商，负责提供基本工具（譬如可识别可用停车位的软件以及监控投递机器人确切位置的服务等），就像谷歌之于其智能手机操作系统安卓一样。这种做法有助于人行道实验室将其产品复制到世界各地的城市。因此，对谷歌而言，多伦多智慧城市就是一个实验室，无论是制定规划的过程，还是在项目实施过程中，技术团队都较少考虑居民的需求。例如，谷歌的人行道实验室在多伦多也会见了公民团体，就码头智慧社区项目与他们进行了协商，但没有证据表明该协商的结果影响到人行道实验室原定的计划。可见，在多伦多智慧城市项目中，公民的参与是被动的，谷歌的人行道实验室只是为了向居民通报智慧城市计划的进度，以更清楚地了解地方社区支持或者反对的程度，而很少会根据居民的意见和建议对原来的计划进行更多的修改。

居民反映最多的是数据广泛收集导致的公民数据隐私保护和合理使用的问题。为了回应居民的质疑和担忧，人行道实验室公布了建立一个独立的"公民数据信托"的计划，建议成立一个信托机构控制数据的收集和使用，从而有效地放手数据控制。但人行道实验室没有说明该方案具体怎么操作，因此，人们批评这是一张空头支票，并没有回答具体的问题，例如在不滥用公民数据的情况下，该项目将如何融资，以及人们是否可以选择不参与数据收集。其他问题，例如智能化改造会不会导致房价高企而驱离低收入人口，巨额建设资金会不会增加所有市民的负担，过于智能的技术应用是否有必要等等，都没有得到人行道实验室令人信服的答复。毫无疑问，缺少当地市民的支持，缺少地方政府、企业和社会组织的广泛参与，是多伦多智慧城市项目迅速走向失败的最主要原因。

正如《人行道：谷歌买不到的城市》（Sideways：The City Google Couldn't Buy）一书的作者乔什·奥卡尼（Josh O'Kane）评论的那样："通过收集数据，可以让科技公司掌握市场的力量，市场力量能转化成购买力，购买力可以让科技公司把居民和社区排除在发展之外①。"这正是人们对科技公司主导智慧城市建设模式的最大担忧。

虽然人行道实验室的退出是多重力量综合作用的结果，但最为棘手的部分仍然与数据治理和商业模式问题分不开。全球其他企业主导的智慧城市项目，也会面临类似的挑战。

三　高度人本主义导向下的城市数字化转型：巴塞罗那模式

巴塞罗那人口超过 600 万，是西班牙第二大城市加泰罗尼亚自治区的首府，是世界上主要的旅游、经济、贸易展销和文化体育中心之一。巴塞罗那长期发展的愿景是建设一个零排

---

① Josh O'Kane. Sideways：The City Google Couldn't Buy Random House of Canada，2022.

放、高速发展、富有创造精神和人文精神的城市。

巴塞罗那智慧城市建设起步较早。2011 年，当时的市长泽维尔·特里亚斯（Xavier Trias）领导的市政当局出台了智慧城市战略，主要领域包括环境和能源、交通、水资源管理、城乡一体化及生活质量等。该市建设了用于城市管理的"城市平台"，可以将不同来源的数据加以整合。为了加快建设进度，该市与思科系统公司、法国燃气苏伊士集团、西班牙电信公司、惠普公司、施耐德电气等企业签署了战略合作协议，建设项目可以由市政厅出资，也可以通过公私伙伴关系（PPP）进行融资。

2015 年 5 月阿达·克劳（Ada Colau）当选市长之后，巴塞罗那的智慧城市发展思路发生了重要转变，即从自上而下为主的技术主导转变为自下而上为主的市民主导。根据巴塞罗那议会《2017–2020 年巴塞罗那数字城市计划》，2016 年 9 月，巴塞罗那市议会开始了一个重要的数字化转型进程，宣布必须从一开始就通过数字渠道提供公共服务，遵循面向公民的新准则，使用开放标准和开源软件，并遵循将隐私、透明度和数字权利置于首位的道德数据战略。这一战略提出了智慧公民的概念，强调城市应实施新的法律、经济和治理方案，培养公民的合作行为，为数字公共领域做出贡献①。巴塞罗那首席技术官（CTO）弗朗西斯卡·布里亚（Francesca Bria）于 2018 年提出了"数字主权战略"，她认为，促进技术进步最佳的方式是将技术创新发展与解决社区问题紧密结合，通过不断地创新来证明技术将如何提高人们的生活质量。

巴塞罗那依据《2017-2020 年巴塞罗那数字城市计划》开发了全新的城市数据基础设施，主要包括三个部分。一是建立一个名为"Sentilo"的开源数据采集和传感平台，以采集和汇总整个城市的物联感知设备数据；二是建设一个名为"City-OS"的开源数据分析平台，进行城市运行数据的大数据分析，并向社会开放数据接口；三是开发一个面向用户端的应用程序，以方便城市市民可以更容易地访问所有的数据。此外，巴塞罗那开发的所有平台与应用都是开源的，所有代码均已发布在线上。

按照《2017-2020 年巴塞罗那数字城市计划》，巴塞罗那的市民主导的城市数字化转型主要从三个方面进行了实验。

第一个实验是推出巴塞罗那数据共享计划。首先，该市按

---

① City of Barcelona, Barcelona digital government: Open, agile and participatory, October 19, 2017, https://ajuntament. barcelona. cat/digital/en/blog/barcelona-digital-government-open-agile-and-participatory.

照合乎伦理的数据所有权原则和技术主权原则，开放公共采购流程，确保市政系统中 70% 的新软件开发投资保留给在开源和开放许可证基础上提供新软件的供应商。这一措施可以避免对 IBM、思科和西门子等大公司的路径依赖和供应商锁定，并有助于形成中小企业、合作社或个体经营公民平等参与竞争的市场环境。其次，该市还大力推动数据共享，例如，该市要求电信巨头沃达丰每个月以机器可读的数据格式向市政厅提供数据。该市坚持要求每一项新推出的智能城市服务在运行过程中收集到的关于公民的数据属于公民。最后，该市致力于数据开放门户建设，通过公共数据开放，让当地公司、合作平台和社会组织利用公共数据开发解决城市问题的方案。

第二个实验是成立了城市数据分析实验室。该实验室有一名首席数据官和 40 名来自不同部门的工作人员，主要任务是确保数据的采集和使用符合透明度、伦理、安全和隐私要求，协调各部门内部和跨部门的数据保护政策，并开发和监督数字服务的应用。例如，该市开发的智能路灯，可以根据行人的接近程度调整照明强度，并设置了收集空气质量数据的传感器和免费 Wi-fi 接入点，但不能收集个人数据。在城市广场等主要聚集场所安装噪声传感器，如果晚上人群的噪声影响到周围居民时可以自动提醒警方前来干预，而不需要市民再去投诉①。同样是使用现代信息技术解决城市问题，巴塞罗那的智能应用体现了鲜明的市民导向，而不是为了商业利益而过度采集市民数据。此外，该实验室还推出了开放数据挑战计划，让更多的中小企业参与解决一系列城市挑战。自 2018 年开始，巴塞罗那就发起"2018 世界数据可视化挑战赛"，以激励中小企业创新能力、企业家精神与数字化知识的提升。2020 年 6 月，巴塞罗那联合日本神户继续发起了"2020 世界数据可视化挑战赛"，挑战目标除了涵盖重大的社会、经济和环境议题外，还包括减少不平等、实现性别平等、应对气候变化以及公共卫生管理的行动等②。

第三个实验是与阿姆斯特丹合作开发的 Decode 项目。这是一个由欧盟"地平线 2020"赞助的区块链项目，主要用于探索互联网数据共享的新模式。Decode 提供工具让公民个人控制自己的数据，自己决定个人信息保密还是开放共享。Decode 项目使由公民、物联网和传感器生成和采集的数据可以具有更广泛的用途，并具有适当的隐私保护作用。例如，公民的数据可

---

① George Ogleby，7 ways that Barcelona is leading the smart city revolution，Edie. net，December 12，2018，https://www.edie.net/news/7/Seven-ways-that-Barcelona-is-leading-the-smart-city-revolution/

② 腾讯研究院：《巴塞罗那：智慧城市如何兼顾经济增长和民生福祉》，2020 年 10 月 1 日，https://www.tisi.org/16629。

以为地方决策提供数据支撑，或者帮助市政当局开发某些服务的地方替代品等等[1]。这里说的某些服务，指的是国际互联网平台公司，例如优步和爱彼迎，提供的诸如打车和住宿服务。长期以来，这些国际互联网平台公司的利用用户数据产生的超额经济利润完全据为己有的商业行为一直受到很多地方政府、国际组织和研究者的批评。

除以上三个实验之外，巴塞罗那还进行了基层创新实验。2016 年 2 月巴塞罗那议会推出了在线参与式民主平台 Decidim Bacelona 网站。"Decidim"的意思是"我们决定"。Decidim Bacelona 网站是一个开放的空间，2021 年注册市民人数接近 10 万。市民可以通过 Decidim Barcelona 网站提出咨询建议，参与在线辩论，跟进提案进展，通过这些流程来参与政府政策法规的制定，实现数字民主。截至 2020 年，有大约 4 万名巴塞罗那居民参加了在线咨询，共收到当地居民提出的 10860 个建议，其中 8142 个被批准并纳入相关行动计划。据巴塞罗那首席技术官弗朗西斯卡·布里亚称，巴塞罗那市政府有超过 70% 的提

---

[1] David W. Smith, Amsterdam leads fight against data surveillance capitalism, Eureka, https://eureka.eu.com/gdpr/amsterdam-surveillance/. 2018.05.22.

案直接来自公民的意见和建议①。

巴塞罗那提出了"智慧的"公民作为决策者而不仅仅是数据提供者的概念，构建了以"市民"为中心的智慧城市，推出了新的数字政策框架和计划，尝试从战略上克服技术导向下的智慧城市建设存在的问题。技术导向下的智慧城市建设，仅仅从理性、科学的角度看待和理解城市，试图通过具有普适性的解决方案，打造可预测、可复制、线性的和规范的城市机制，将公民视为纯粹的用户和数据提供者，数据资源和经济利益被大型跨国数据平台公司大量获取。2015 年以来，巴塞罗那推出了一系列实验，包括将市民参与作为一种民主实践的实验、作为普遍治理逻辑的多方利益相关者计划实验，以及城市作为社会和技术创新场所的生活实验室的实验，打造了将"智慧的"公民视为决策者而非数据提供者的智慧城市建设新范式。这种以市民为中心的模式回答了关于公民角色以及与数据的关系的新命题，改变了参与智慧城市决策、规划和建设的利益相关者之间的权力平衡，致力于打造共同产生创新知识的可持续的城市生态系统。

---

① 腾讯研究院：《巴塞罗那：智慧城市如何兼顾经济增长和民生福祉》，2020年 10 月 1 日，https://www.tisi.org/16629。

四　技术理性与人本主义相结合的城市
数字化转型：新加坡模式

新加坡是政府主导的智慧城市建设模式的典型代表。新加坡政府高度重视信息化，从信息基础设施建设，到信息产业培育，再到电子政务应用，政府连续不断地推出规划，确立发展目标，并滚动式推动不同阶段工作的实施。

新加坡从1992年开始实施"IT2000——新加坡，智能岛"计划，2003年推出"全连新加坡"计划，2006年正式公布"智慧国2015计划"。当时的新加坡已经建设了全球领先的信息通信基础设施，是亚洲网络连接最为紧密的城市之一。同时，新加坡还投入近5亿美元用于研发人才的培养和管理，在新加坡发展具有全球竞争力的信息产业生态系统。基于新加坡的信息通信基础架构、企业和人才资源，新加坡希望通过"智慧国2015计划"的实施增强本国的经济竞争力和创新力，促进信息产业的增长，提升竞争力，丰富新加坡国民的生活。

2014年，新加坡政府公布了名为"智慧国家2025"的10年计划。这份计划是之前"智慧国2015计划"的升级版，其重点在于信息的整合以及在此基础上的执行，从而使政府的政策更具备前瞻性。按照"智慧国家 2025",政策的重点是通过技术来收集信息,利用这些信息来更好地服务人民。"智慧国"理念的核心可以用三个 C 来概括:连接(Connect)、收集(Collect)和理解(Comprehend)。"连接"的目标是提供一个安全、高速、经济且具有扩展性的全国通信基础设施;"收集"是指通过遍布全国的传感器网络获取更理想的实时数据,并对重要的传感器数据进行匿名化保护、管理以及适当进行分享;"理解"是指通过收集来的数据——尤其是实时数据——建立面向公众的有效共享机制,通过对数据进行分析,更好地预测民众的需求、提供更好的服务。在"智慧国 2015 计划"实施中,物联网传感器的应用已经非常广泛,大大丰富了各种数据的收集。比如,汽车上有传感器,开车经过某条公路发现路面损坏,可以非常方便地通过手机定位等电子方式进行报修处理。为把新加坡打造成为"智慧国",按照"智慧国家 2025",政府将构建"智慧国平台",建设覆盖全岛的数据连接、收集和分析的基础设施与操作系统,根据所获得的数据去预测公民需求,以提供更好的公共服务[1]。

新加坡特别重视智慧城市的总体框架设计,也特别强调顶

---

[1]　王天乐、施晓慧:《新加坡推出"智慧国家 2025"计划》,《人民日报》2014 年 8 月 19 日,第 22 版。

层设计和政府的主导作用①。新加坡专门成立了一个由副总理领导的跨部门的委员会，由相关部门的部长担任委员，并在总理总署下设立具体的推动机构，主要负责落实计划和推动工作。这些具体的推动机构包括新加坡的数字政府办公室、智慧国办公室、政府科技局以及相应的工作小组等，形成了一个完整高效的智慧城市建设管理系统。

新加坡智慧城市建设主要采取了"政府主导、企业参与"的模式，很好地解决了建设资金短缺、用户需求匮乏、企业动力不足的问题②。新加坡政府投入巨资建立超高速、广覆盖、智能化、安全可靠的资讯通信基础设施，仅在新一代全国宽带网络（NBN）项目上，新加坡政府的拨款总额就达到10亿新元，解决了通信基础设施建设所需的资金问题。"企业参与"则体现在，新加坡政府将产业链划分为无源基础设施建筑商、有源设备运营商、零售服务提供商三个层面，将他们相互分离，以避免自然垄断或不公平竞争的产生，并规定了价格和普遍服务义务，以建立一个公平、高效的平台，促进产业各方共

① 顾清扬：《智慧城市与智慧治理：新加坡的案例》，《科技与金融》2022年第Z1期，第20页。

② 舒文琼：《透视新加坡"智慧国2015"政府角色至关重要》，《通信世界》2011年第30期。

同参与。值得注意的是，对于政府推出的某些项目，普通用户缺乏了解而导致需求不足，运营商因此对业务的开展有些迟疑。在这种情况下，新加坡政府起到了"催化剂"的作用。例如，在无线宽带网络方面，新加坡于 2006 年底推出"无线@新加坡"，旨在打造一个覆盖全国的无线宽带网络。在推广初期，人们缺乏使用需求，新加坡政府即在政府部门使用了很多无线应用，通过示范作用将该业务普及到普通用户中，从而带动了市场需求的增长。政府的"催化剂"作用还体现在，通过推行"电子政府"计划推动信息技术的普及和使用。

尽管新加坡在规划阶段也采取了广泛的民众意见征询活动，宣传智慧城市建设是由民众、企业和政府共同创造的一项全民工程①，同时，主管数字政府建设的新加坡副总理张志贤也提出："随着新资讯及通信科技崛起，新加坡需要彻底改变'智慧城市'的思维和运作模式。政府现在兼任主持人和推动者的角色，与公共机构、私人企业和民间合作，共同创造新方案、新业务和新财富"，但是，规划的制定和实施都是政府主导的。很明显，新加坡模式是介于完全技术理性与高度人本主义两种导向之间的一种混合模式，在这种模式下，政府具有主

---

① 蔡君：《探秘 iN2015 看新加坡如何迈向"智慧之国"》，《通讯世界》2006年第 7 期。

导作用，但也有不同程度的市民参与。世界上绝大多数城市在推动数字化转型中采取了这种方式。

五 结论

党的十八大以来，习近平总书记对城市建设作出一系列重要论述，提出了"人民城市"重要理念，在理论上和实践上为新时代中国特色社会主义城市发展指明了前进道路，也成为我国城市数字化转型的指导思想。

18 世纪以来，每一次技术革命都促成了新的技术-经济范式的形成和新的社会形态的兴起，并催生出新的理论、带来理论的新发展。人民城市重大理论诞生于 21 世纪初，正是 ICT 革命席卷全球的历史时期，也就是第四次产业革命时期。由 ICT 革命引发的知识经济和网络经济带来了崭新的生产力，使经济发生了根本性的变化，催生了当代由网络支撑、金融资本控制、学习创新驱动、自动化和人工智能组织管理生产流通和分配的智能经济。但新技术经济范式兴起背后的深刻社会根源是发达国家垄断资本对凯恩斯主义失败的回应，是按照新自由主义重组从而成为巩固和加强资本全球统治的一部分。实践证明，新的技术经济范式带来了社会生活的全面商品化、资本对劳动的全面监控，以及政治经济两极分化的加剧。在 ICT 技术的加持下，全球市场进一步被全球资本主义体系整合，城市则更深程度地成为资产阶级管理和控制全球资本的空间网络节点。社会主义城市必须摒弃新自由主义思想的影响，坚决抵制"为了利润"的城市，回归"为了人"的城市。因此，人民城市重大理论的提出，是对人本主义城市发展思想的继承和发展，是马克思主义城市思想中国化的最新成果，是指导数字化时代社会主义城市发展的最坚实的理论基础。在人民城市重大理论指导下，我国城市的数字化转型必然形成富有中国特色的崭新模式，这一新模式也将给世界其他国家城市发展提供中国智慧和中国方案。

数字治理网格化模式的
演进路径及未来发展

高建武[*]

    建设数字中国是数字时代推进中国式现代化的重要引擎，是构筑国家竞争新优势的有力支撑。随着大数据技术的系统性突破、智能算法的快速发展以及算力产业的日渐成熟，数字技术在国家治理中的应用场景不断拓展、应用程度不断加深。网格化模式，作为一种将数字技术与社会治理深度融合的创新方式，通过精细划分治理单元、整合多元治理资源、优化治理方式，不仅反映了中国社会治理理念和方式的深刻变革，也彰显了数字技术在推动治理流程等方面的巨大作用，实现了社会治

* 高建武，网格化模式创始团队成员、中国通信工业协会网格化分会首席专家，北京市东城区网格化服务管理中心党组成员、副主任，北京大数据研究院研究员。

理的精准化、智能化和高效化。这一模式的演进在实现国家治理体系和治理能力现代化过程中发挥了重要作用。本文将系统梳理网格化模式在政策、技术、模式等方面的演进路径，分析网格化模式未来的发展趋势，为智慧城市的创新发展提供理论支撑和实践指导，也为全球数字治理领域的交流与合作贡献中国智慧和中国方案。

一　网格化模式的演进

网格化管理，作为一种前沿的治理模式，其基础建立在地理信息系统、现代通信系统与计算机及业务系统的深度整合之上。这种模式的核心思想在于，通过细致划分管理单元，高效整合管理资源，并不断优化管理流程，从而推动政府治理走向精细化、精准化和高效化的新高度。其精髓可概括为"管得住人、理得清事"，即确保管理对象被全面覆盖，并接受实时监控，以实现对社会问题的敏锐洞察和迅速应对。通过这种方式，不仅能够及时捕捉各类社会问题，还能以更为精准和高效的方式进行处理，从而为社会带来更加和谐与稳定的环境。下面将从政策、技术、模式三个维度，来介绍网格化模式的演进及发展。

（一）政策演进

1. 城市管理阶段（2004~2010 年）

2004 年 10 月，北京市东城区首创网格化城市管理新模式，应用整合多项数字技术，创造出了数字化城市管理新模式。新模式通过搭建城市管理信息平台，采用"万米单元网格管理法"和"城市部件管理法"相结合的方式，实现了城市管理的信息化、标准化、精细化、动态化。新模式自 2004 年 10 月 22 日运行以来，对城市管理问题的发现率和处理率均达到 90% 以上，处理时间由原来的平均 7 天缩短到现在的 12 个小时，提高了城市管理的效率，密切了党和政府同人民群众的联系，在提高政府对城市管理执政能力上取得了明显成效。

在随后的岁月中，这一模式得到了迅猛的发展，不仅深化了基层治理的维度，更构建起了"省、地、县、乡、村"五级联动的平台体系。这五级平台体系在各级治理中展现出强大的生命力和广泛的应用性，不仅在推动治理效能提升上取得了显著成效，更为基层治理带来了前所未有的变革与活力。无论是在城市管理的精细化、公共服务的优化、社会问题的预防与解决上，还是在居民参与度的提高、数据信息的整合利用等方面，网格化管理都展现出了其独特的优势和价值。可以说，网格化管理不仅在北京市东城区取得了卓越的成绩，更在全国范围内树立了基层治理的新标杆，为未来的治理创新提供了宝贵的经验和启示。

2. 社会治理阶段（2011～2015 年）

2011 年，中共中央、国务院印发《关于加强和创新社会管理的意见》，着重强调了健全社会矛盾调处机制、社会稳定风险评估机制以及完善社会治安防控体系的重要性，城市管理开始向更加注重社会矛盾预防和解决、社会稳定风险评估以及社会治安综合防控的方向转型，标志着网格化模式由城市管理阶段迈入社会治理阶段。

随后，在 2013 年十八届三中全会通过的《中共中央关于全面深化改革若干重大问题的决定》中，进一步明确了以网格化管理、社会化服务为方向，健全基层综合服务管理平台的目标。这一决定不仅延续了之前对社会管理和矛盾调处的重视，而且提出了具体的网格化管理模式，旨在通过精细化、信息化的管理手段，及时反映和协调人民群众各方面各层次的利益诉求，从而实现从传统的城市管理阶段向现代社会治理阶段的全面演进。网格化管理模式的引入，标志着我国社会治理体系的进一步完善和治理能力的现代化提升。

3. 全域治理阶段（2016~2019 年）

2016 年，中共中央、国务院发布《关于深入推进城市执法体制改革改进城市管理工作的指导意见》，明确要求将城市管理、社会管理和公共服务事项全面纳入网格化管理，网格化模式不再局限于特定的社会管理领域，而是开始向更加广泛的社会治理领域拓展。

随后，中共中央、国务院于 2017 年发布的《关于加强和完善城乡社区治理的意见》中确定了"基层党组织领导、基层政府主导的多方参与、共同治理的城乡社区治理体系目标"。这一目标的提出，意味着网格化模式在城乡社区治理中扮演了更加重要的角色，开始形成多方主体共同参与、协同治理的格局。

到了 2019 年，中共中央办公厅、国务院办公厅印发的《关于推进基层整合审批服务执法力量的实施意见》进一步明确，要通过组织创新方式，将社会治理重心下移，形成多部门参与基层治理的格局，并推进基层网格化综合治理。这一意见的出台，标志着网格化模式已经从单一的社会治理阶段发展到全域治理阶段，实现了从局部到整体、从单一到多元的跨越，构建了更加完善、更加高效的社会治理体系。

4. 智能治理阶段（2020 年至今）

2020 年 3 月，习近平总书记在湖北考察时提出了"要着力完善城市治理体系和城乡基层治理体系，树立'全周期管理'意识，努力探索超大城市现代化治理新路子"的重要理念。这一理念强调了城市作为生命体、有机体的特性，需要被敬畏和善待，同时也预示着城市治理将向更加全面、系统的方向发展。

随后，中共中央、国务院于 2021 年发布《关于加强基层治理体系和治理能力现代化建设的意见》，进一步指出，"要构建各类组织积极协同、群众广泛参与，自治、法治、德治相结合的基层治理体系"，标志着全域治理阶段正在不断深化，强调多元主体的协同参与和基层治理的现代化建设。

2022 年，中共中央组织部、中共中央政法委员会、民政部、住房和城乡建设部共同印发的《关于深化城市基层党建引领基层治理的若干措施（试行）》则明确要求"加强党建引领网格化管理，提升社区精细化管理、精准化服务水平"。这一要求的提出，不仅强调了党建在网格化管理中的引领作用，还预示着网格化模式将从全域治理阶段向智能治理阶段发展。通过党建引领，网格化管理将更加注重精细化、精准化服务，运用智能化手段提升治理效能，实现城市治理的智能化转型。

（二）技术演进

1. GIS 技术网格

2004 年，东城区政府采用网格地图的技术思想，整合了地理信息系统、现代有线无线通信系统、网络系统、编码系统等 10 余种技术手段，特别是通过 GIS 系统空间特性，支撑精确数字、精细管理、精准服务，首创了网格化城市管理平台。

2. 物联网接入

2009 年左右，随着物联网接入技术的飞速发展以及多种感知设备的集成运用，治理效率得到了显著提升。特别是在雪亮工程的引领下，视频设备、传感器等先进技术的引入为网格平台注入了新的活力。这些技术的广泛应用不仅推动了网格平台的技术革新，更使平台的功能得到了全面的升级与优化。通过这些技术的整合与应用，网格平台能够更高效地处理各类信息，为城市管理提供强有力的技术支持。

3. 大数据应用

网格平台于 2014 年左右开始引用大数据技术，踏上了智能数据分析与趋势分析的新征程。这一创新举措不仅使治理工作能够进入预测、预警、预防的精准化阶段，更实现了治理工作的智能化升级。通过大数据技术的运用，网格平台为决策层提供了坚实的技术支撑，助力决策更加科学、精准和高效。这一转变不仅标志着网格平台在技术应用上的新突破，也预示着治理工作迈向了一个全新的智能化时代。

随着 2020 年 AI 技术浪潮的兴起，城市大脑项目如雨后春笋般涌现，而网格机器人则以其智能化和自主性为城市管理带来全新维度。随着智能巡查和无人机巡查技术的广泛应用，网格平台的功能得到了极大的增强。这些前沿技术不仅优化了城市运营的各个环节，提升了响应速度和处理效率，更为城市的可持续发展提供了有力支撑。

4. 北斗网格码的出现（时空网格码）

2021 年，随着北斗网格码技术的日趋成熟和广泛应用，网格时空大数据底座完成了实验性验证。这一里程碑的达成，依托于国家 973 项目的重要成果——Geo SOT 网格，成功衍生出了一种革命性的地理网格编码模型，即新型网格编码（New City-Grid，NCG）。这一创新模型不仅是对现有网格的继承，更是对其在大数据环境下的深度发展。新型网格编码独具三维空间编码的精准性、地理含义的明确性、易于记忆的用户友好性以及高效计算的先进性，正有力推动新一代网格化平台的建设进程，开启数字化城市治理的新篇章。

5. 智能技术应用

随着人工智能的广泛应用及快速发展，网格化模式不仅融入了事件自动发现等视频分析技术，还借助大数据分析技术实现了对海量数据的整理和分析。

通过视频分析技术，结合人工智能的图像识别和深度学习算法，网格化模式实现了对各类事件的自动发现和实时监控，极大地提高了城市管理和社会治理的效率与准确性。人工智能的加入，使得视频分析更加智能化、精准化，能够自动识别异常行为、交通违规等事件，并及时发出警报，为城市管理提供了有力支持。

同时，人工智能技术与政务服务融合发展，通过智能客服、自助终端等设备，民众可以更加便捷地办理各类政务业务，无须排队等待，大大提高了办事效率。人工智能的语音识别、自然语言处理等技术的应用，使得自助服务更加智能化、人性化，为民众提供了更加优质、便捷的服务体验。

而大数据分析技术的应用，更是为网格化模式注入了新的活力。在人工智能的帮助下，大数据分析能够更加精准地挖掘数据背后的规律和趋势，为城市治理和社会管理提供科学依据。通过对海量数据的整理和分析，网格化模式能够更加精准地把握城市运行和社会治理的脉搏，及时发现问题、预测风险，并采取相应的措施进行干预和管理。

（三）模式演进

1. 网格化城市管理模式

2004 年，为了进一步优化城市治理效率，建设部正式引入了北京市东城区率先实践的网格化城市管理新模式。这一模式巧妙地结合了数字化与信息化技术，通过构建城市网格化管理信息平台，实现了市区之间的紧密联动与资源的高效共享。

网格化城市管理模式的引入，标志着城市管理从传统的、被动的、定性和分散的方式，迈向了现代的、主动的、定量和系统的管理新时代。它不仅能够主动识别问题，更能迅速、准确地处理各类城市管理的问题，极大地提升了政府对城市的管理能力和响应速度。

更重要的是，这种新模式使得问题在居民投诉之前就能得到预防和解决，有效避免了因问题累积而引发的社会不满和矛盾。网格化城市管理，不仅能够为市民提供更加宜居、和谐的生活环境，也体现了政府在城市化进程中的人文关怀和智慧管理的新高度。

2. 网格化社会管理模式

2009 年，中央政法委推出了网格化社会管理创新模式。该模式汲取了网格化管理的核心理念，巧妙地将社会管理区域细分为网格单元，以确保对"人、地、事、物、情、组织"等核心要素的全方位、常态化管理与服务。这一变革不仅借助了信息化手段，成功推动了社会管理从传统的"粗放型管理"迈向更为高效、精准的"精细型管理"，更进一步提升了居民服务品质，将其由原先较为松散的"分散服务"模式，转型为更为便捷、集成的"一站式服务"。此外，基于先进的 GIS 技术，该模式实现了数据的直观呈现与可视化表达，极大地提升了数据的管理效率和决策的科学性。

3. 网格化服务管理模式

2014 年，北京市、上海市、广州市等一系列中国核心城市积极响应并实践了多网融合的理念，开启了全面创新的"网格化服务管理模式"。这一模式不仅深刻体现了对于"城市管理平台"的高效整合，更进一步将"社会管理平台""民生服务12345 热线平台"以及"行政执法平台"等多元系统紧密地融为一体。这种整合不仅提高了城市的整体运行效率，更在实质上实现了对"十八届三中全会"所提出要求的全方位的、深入的贯彻，为城市的管理与服务赋予了新的活力和内涵。

4. 网格化社会化服务创新模式

2021 年，北京市东城区政府联合中国通信工业协会网格化分会开展了"网格化社会化服务创新模式",此模式不仅深入贯彻了党的十八届三中全会关于"网格化社会化服务"的指导思想，更是将网格化服务的理念与方法融入实际运作之中。这一平台基于精细的网格化设计理念与方法，由公益性社会组织运营，承接政府"干不了"和"干不好"的工作事项，以诚信联盟的企业机构和个人为主体，以诚信积分为手段，构成交易的双向评估，提升社会服务水平和质量，从而最大限度提高人民群众的满意度和幸福感。

2021 年 8 月至 2022 年 6 月，老河口市大数据中心开展了城市社区智慧治理项目（一期），完成了三库、两端、一平台和一码建设，即三个信息库（基础信息库、服务资源库、服务信息库）、两个信息上报端（移动社区上报端和移动服务端）、一个北斗网格码社区服务平台和一项北斗城市码建设，进一步完善了一期项目相关系统平台，积极推动数字化城市建设，加快城市运行"一网统管"体系建设，打造共建、共管、共治、共享的基层治理新模式。

5. 网格化智慧治理模式

2023 年以来，随着北斗网格码技术的日臻完善与成熟，一个更为智能化、精细化的治理图景正在逐渐浮现，预示着智慧治理模式的全新时代已然来临。这项技术的突破，不仅将极大地提升城市管理的效率与精度，更将引领我们进入一个数据驱动、智慧引领的未来治理新时代。

二　网格化模式的未来发展与趋势

（一）基于北斗网格码的数字赋能

随着北斗卫星导航系统的不断完善和北斗网格码的广泛应用，网格化管理将迎来新的发展机遇。通过利用北斗网格码的高精度定位和数据归集能力，可以实现对城市治理的精细化和智能化管理。例如，在网格划分、数据采集、事件处理等方面实现更加精准和高效的管理。这将有助于提升网格化管理的效率和准确性，进一步推动数字治理的现代化进程。

通过 iWhereCIM 为网格化治理构建开放型数据架构的信息模型（CIM），引接融合 GIS＋BIM＋IoT＋5G 等多源数据，形成尺度时空数据动态模型，支撑数字孪生的发展。同时融合各项应用场景的产品，适合智慧城市和基层治理的多领域应用。

iWhereCIM 的优势包括以下几个方面。一是架构开放性。建模是开放性大数据架构，通过空间框架的恒定来应对万事万物数据的变化，具有开创性意义；开放接入城市全量时空数据，覆盖陆海空天电及地下的全域空间，形成真正意义上的数字地球。二是数据的继承性。对原有系统和原有数据"不推倒、不重来"，批量识别转换 GIS、BIM、三维影像、激光点云等各类空间数据，兼容现行规格地理测绘、海洋气象等图幅资料，通过时空编码可直接汇聚各类经济社会数据和互联网数据。三是更新动态性。构建城市时空动态数据库（模型），所有数据更新变化可动态实时映射到网格模型中，避免了传统建模方法带来的模型静态固化局限，同时数据更新可分布式进行，局部数据更新灵活，实现了数据驱动的模型动态化。四是交互实时性。通过网格数据模型对信息的精准映射，可方便地进行业务模拟仿真等诸多场景支撑智能决策分析推演，实现数字孪生"虚实交融、以虚控实"效果。

（二）北斗网格码升级赋能智慧城市治理

随着科技的飞速发展，智慧城市与基层治理的创新模式正逐步成为推动社会进步的重要力量。老河口市作为全国首个城市精细网格治理与城市码服务平台的实践者，其成功经验无疑为未来智慧城市与基层治理的创新提供了宝贵的借鉴。

2022 年 6 月，全国首个城市精细网格治理与城市码服务平台完成验收，老河口市先行先试，大胆实践，开展了城市社区智慧治理项目（一期），完成了三库、两端、一平台和一码建设，积极推动数字化城市建设，加快城市运行"一网统管"体系建设，打造共建、共管、共治、共享的基层治理新模式，是全国第一个城市精细网格治理、城市码在基层应用的案例，获得多项国家级和省级试点荣誉，成为全国智慧城市的样板与标杆。

而未来北斗网格码平台的升级，将进一步拓展这一模式的应用场景和深度。借助北斗卫星导航系统的精准定位技术，网格码平台能够实现更加精细化的城市管理和服务。无论是城市交通的疏导、公共设施的维护，还是应急事件的响应，都将得到更加及时、准确的处理。同时，平台升级还将推动数据共享和互通，打破信息壁垒，使各部门之间能够更加协同高效地工作。

对于未来智慧城市与基层治理的创新而言，北斗网格码平台的升级无疑将提供强大的技术支持和数据支撑。它将助力城市实现更加智能化、精细化的管理，推动基层治理模式的不断创新和完善。同时，这一平台的广泛应用也将为其他城市提供可复制、可推广的经验，推动全国范围内的智慧城市与基层治理水平不断提升。

（三） 空地一体精细网格治理

低空数字经济，作为引领未来发展的崭新领域，将为网格化管理揭开新的应用篇章与发展图景。积极打造低空智联网示范基地，作为低空数字经济稳固的基石，旨在为网格化管理提供坚实的技术后盾与广阔的平台支撑。这一举措无疑将推动网格化管理走向更为智能化和精细化的道路，进一步巩固和提高数字治理的卓越水准与高效能力。

以浙江衢州低空数字经济链主项目为例，该项目作为全国首个低空智联网示范基地，其地位与智慧城市中的网格平台相媲美，成为产业链中的核心力量。该基地的基础设施建设涵盖八大系统，包括：（1）低空空域图的精细生成与维护系统；（2）高效且有序的无人飞行器登记管理系统；（3）智能引领的空域飞行交通红绿灯系统；（4）精确规划的空域导航系统；（5）全面管控与优质服务的空域管控与服务系统；（6）体验北斗智能无人飞行器的先进系统；（7）引领示范的低空智联典型应用系统；（8）配套齐全的低空智联典型应用装备系统。同时，通过集成研发、建设、运营与示范等多重功能，该项目将有效拉动投资，促进低空经济产业集群的孵化与发展，为我国低空数字经济的发展树立典范，并已初步通过验收。

总之，基于北斗网格码技术，将过去部件和事件的顺序码，改为具有时空位置属性的数字码，使网格化模式的技术能力跨越发展；将基于北斗网格数字底座与地面管理服务和空中管理服务结合，真正实现"天地一体精细网格治理的新模式"，从而显著提升网格治理的能力和水平。

三 结论

综上所述，中国式数字治理中的网格化模式不仅取得了显著成效，更是在全国范围内获得了广泛的应用与认可。展望未来，随着技术的飞速发展和政策的持续助推，网格化管理正面临着前所未有的发展机遇，同时也伴随着一系列挑战。为了应对这些挑战，我们应当积极利用北斗网格码等前沿技术手段，推动网格化管理的智能化、精细化发展，从而进一步提升数字治理的层次与效率。

与此同时，加强政策引导和支持亦至关重要。我国应当通过制定和完善相关政策，为网格化管理的创新与实践提供有力保障，从而确保其在智慧城市现代化进程中发挥更加重要的支撑作用。这样，不仅能够更好地满足人民群众对于高质量生活的需求，更能够在全球范围内树立中国数字治理的崭新标杆。

零碳智慧小镇建设的生态体系及协同创新模式

胡涵清*

2020 年 9 月 22 日，国家主席习近平向国际社会宣布中国碳达峰目标、碳中和愿景。小城镇作为城镇化建设及城市更新的主战场，其低碳更新不仅关系到地方经济的转型升级，也是实现国家碳排放减少目标的关键一环[1]。2016 年 3 月，"新型智慧城市"这个理念出现在了中央文件里，引起了各地关注。"十三五"规划纲要中明确提出"建设一批新型示范性智慧城市"，"十四五"规划和 2035 年远景目标纲要中将"加快数字发展，建设数字中国"作为单独篇章，分析"数字经济""数字社会""数字政府"建设新远景。作为建设数字中国、实现

* 胡涵清，北京信息科技大学经管学院正高级工程师，博士、博士后，教授，博士生导师。

低碳目标、推进"高质量"发展的强劲抓手，新型智慧城市在推广大数据应用、提升城市智能化运行速率和智慧服务水平、转变城市形态等方面起着重大的作用[2]。

以北京昌平区为例，昌平区是生态涵养区，它分三个部分，山区、浅山区和平原区。主要产业分四个部分，一是都市农业，二是都市林业，三是生态休闲，四是绿色科技，其科技不是以前那种粗放型科技，而是绿色科技，非常适合智慧零碳小镇。同时，建设新型智慧零碳小镇有利于推动小镇新质生产力的发展，特别是在资源和环境承载力有限的小城镇中，低碳且智慧更新模式的探索尤为重要。

一 基本概念

零碳智慧小镇是一种结合零碳和智慧城市理念的社区规划和建设模式，旨在通过智能技术与绿色低碳措施的融合，实现小镇的可持续发展。这一模式通过推广可再生能源的使用，提高能源利用效率，优化交通出行方式，采用绿色建筑设计，倡导低碳生活方式，并利用智能技术进行全面的社区管理和服务。零碳智慧小镇不仅实现了碳排放与碳吸收的平衡，还通过信息化手段提升了社区的管理水平和居民的生活质量，推动了经济发展与环境保护的协调统一，为全球可持续发展提供了创新路径和可借鉴的经验。

二 零碳智慧小镇建设的生态体系

昌平区崔村镇规划以"一心一廊、两轴四片区"的空间发展格局为核心，立足自身资源禀赋和发展优势，致力于构建零碳智慧小镇。规划强调强化规划引领，落实刚性指标，严控镇域总量规模，坚持生态优先，构建生态空间格局，落实减量增绿与生态建设，推动城乡统筹，完善公共服务体系，提升设施服务水平，健全韧性可靠的公共安全体系。截至2023年，昌平区已有7个控规（涉及43个街区）和2个镇域国土空间规划获得批复，多点地区位居前列。

（一）促进低碳产业优化

昌平区崔村镇具备良好的低碳产业发展基础。崔村镇草莓产业是昌平区都市农业的典型代表，昌平草莓是北京市昌平区的特产、中国国家地理标志产品。为了进一步推动低碳产业及其优化，崔村镇应通过强化规划引领和政策支持，激发企业积极性，提升绿色产业的竞争力。政府可以通过制定相关政策，提供财政和税收支持，进一步降低低碳产业的投资门槛，包括对低碳技术研发和应用的资金支持，对低碳企业的税收减免，以及对可持续发展计划的奖励机制，鼓励企业在产业转型中发挥引领作用。同时，政府可以支持草莓种植产业的绿色升级，通过引入先进的绿色种植技术和设备，提升草莓种植的效率和品质。

此外，政府应加大对低碳产业的技术研究和创新支持力度，推动其在市场竞争中取得优势。例如，可以支持昌平草莓产业的品牌建设和市场推广，进一步提升其知名度和市场占有率。在市场方面，政府可以推动绿色金融的发展，通过建立绿色信贷体系、设立环境保护产业基金等方式，为低碳产业提供融资支持[3]。激励企业制订可持续发展计划，不仅有助于企业在生产经营中更好地实践低碳理念，还可以通过绿色金融渠道获得更多的资金支持。

（二）加快绿色交通出行基础建设

崔村镇目前的公共交通相对不发达，已有在运行的一些公交线路，包括870路、H54路、昌31路、昌31路银山专线和昌37路等，这些线路主要停靠在昌平崔村公交站，靠近怀昌路、昌崔路、X033和X035。为了进一步提升公共交通系统的质量和便捷性，政府可以通过制定激励政策鼓励个体出行选择低碳选项，例如建立小镇自行车共享系统、设立电动汽车充电站，并提供出行补贴和税收减免等措施，促使居民更倾向于使用环保出行方式。同时，可以引入智能交通系统，建设连接崔村镇与昌平区中心以及北京市区的快速交通线路，方便居民的出行。利用信息技术提供实时交通信息帮助居民更好地规划出行路线，提高运行频次和准点率，优化交通流量，减少拥堵和碳排放[4]。

同时，政府应加大支持新能源汽车研发和生产力度，提升其市场份额，通过减免购车税、推进充电设施建设等措施降低新能源交通工具的使用成本。同时，政府可以与共享交通公司和新兴科技公司合作推动共享出行模式的发展，鼓励居民使用共享汽车、共享单车等低碳出行方式。

（三）强化城市生态园林建设

崔村镇规划强调生态优先，构建生态空间格局，落实减量增绿与生态建设。政府应制定明确的城市规划和绿化政策，并将生态园林融入镇域发展总体规划之中。崔村镇拥有包括崔村西峪（亦为西峪）橡树谷等多个公园，这些公园的建设不仅提高了居民的生活质量，也为生态园林建设提供了示范。政府可以通过制定绿地指标和比例要求，确保每个区域都能享有充足的自然绿化空间。要注重多元化绿化形式，不仅建设公园和绿地，还包括屋顶绿化、垂直绿化等，使小镇建筑环境融入自然生态系统，提高小镇整体生态覆盖率。政府可以制定建筑绿化标准和激励政策，引导开发商和居民积极参与城市绿化工程。

城市管理部门应推动生态园林建设与水系规划相结合，创建生态湿地和人工湖泊等水体景观，优化城市环境，提高空气湿度，降低温度，改善居民生活环境。

（四）打造绿色低碳居住社区

政府应制定明确的社区规划和建设标准，引导开发商在建设过程中考虑绿色低碳因素，如规划社区绿地、公园和自行车道，提升社区建筑的能效标准，并制定绿色建筑设计和建设标准。崔村镇应通过规划和建设绿色低碳居住社区，打造宜居、生态的生活环境[5]。

社区应采用先进智能技术和能源管理系统实现能源高效利用，引入智能照明系统、智能家居系统等，通过数据分析和智能控制提高效率、减少浪费。同时鼓励居民使用清洁能源，推动太阳能、风能等可再生能源在社区内的普及和应用。在设计方面，注重提高社区可达性，推动多式联运，鼓励居民使用公共交通、自行车、步行等低碳出行方式。规划内部交通道路、步行街区，建设便捷公交站点和自行车停车场以缓解交通拥堵，减少汽车使用，降低碳排放。

（五）建立碳排放保障机制

政府可以实施碳排放监测评估，建立规划实施动态监测、定期评估和及时调整机制，确保更新过程中的碳排放实时监测。根据评估结果，结合实际需求及时调整相关实施策略，实现动态更新调整。同时建设近零碳监测与综合智能管理平台，加快形成以低碳节能品质建筑、绿色人本智慧交通、韧性循环生态环境、高效安全共享能源、生态友好创新产业为核心主题的零碳城市综合智能平台，支撑崔村镇零碳城市规划、建设、运营全过程科学高效管理。

此外，加入全国碳交易市场，出台碳排放配额分配、抵消机制、报告核查、市场监管等方面的政策和方案，发挥生态资源优势，争取试点开发林业碳汇产品，核算森林经营性碳汇和造林碳汇，启动区域碳汇交易，探索碳定价和交易机制[6]。探索碳资产有偿使用、预算管理机制，逐步拓展交易类型和交易产品，扩大交易规模，利用市场机制的价格发现功能，实现减碳成效最大化。

三　协同创新模式

为更好支持零碳行动，政府、企业和扶持性机构应协调行动，所有相关方共同参与且承担需付出的成本，实现多元参与的零碳智慧协同创新模式。

（一）政府——建立激励机制，促进集体行动

政府在崔村镇零碳智慧小镇建设中应发挥关键作用，通过将绿色低碳纳入城市规划、基础设施建设以及税收和补贴制度的决策中，推动低碳产业的发展。政府使用补贴、碳税等政策手段和法规鼓励跨行业的脱碳投资，并支持技术研发。同时，政府制订再培训、再就业和社会支持计划，管控经济社会变化的负面影响，确保在向零碳目标转型过程中社会稳定。通过制定路线图，政府鼓励多方合作，推动集体行动，形成政府、企业、扶持性机构和公众多元参与的低碳治理模式[7]。

（二）企业——调整经营投资策略，提高管理水平

在崔村镇的零碳智慧小镇建设中，企业应通过精准评估风险和机会，开展提高能源效率活动和脱碳投资，推动低碳转

型。企业应制定灵活经营策略，重新分配资本，开展新的低排放业务，并将绿色低碳纳入资本规划、研发运营和组织架构的业务决策中。企业通过智能化管理系统，提高运营效率和资源利用率，积极参与技术研发和创新，为零碳小镇建设贡献力量[8]。

（三）金融机构——支持大规模的资本重新分配

在崔村镇零碳智慧小镇建设中，金融机构应重新评估脱碳项目的风险和回报，衡量和资助减排项目，提供融资解决方案和减排方法建议。金融机构扩大气候融资产品和服务的范围，如为低排放电力项目提供资金，支持负排放或自然解决方案的新金融工具和碳交易市场。金融机构通过支持大规模的资本重新分配，为零碳小镇建设提供强有力的资金保障[9]。

（四）公众——绿色低碳的新生活方式和消费模式

公众在崔村镇的零碳智慧小镇建设中，通过践行绿色低碳的生活方式和简约适度的消费模式，积极参与低碳行动。居民养成垃圾分类、资源回收利用、节约使用能源的生活习惯，减少一次性消费品的使用，自主选择节水节电器具和节能家电。增强公众绿色出行意识，主动选择公共交通、骑行和步行等绿色出行方式。通过智能社区服务平台，公众可以更好地参与社区治理和环保活动，提高公共事务的透明度和参与度，形成全社会共同推进零碳智慧小镇建设的良好氛围。

四 结语

在全球气候变化和可持续发展需求的双重驱动下，小城镇的智慧零碳更新已成为实现国家减碳目标和推动地方经济绿色转型升级的重要途径。本文以北京市昌平区崔村镇为例，分析了其在产业、交通出行、生态环境保护、社区服务及其机制等方面实现全面智慧化和低碳化的可行性。本文的研究为其他小城镇的零碳更新提供了实践参考，旨在共同推动我国城镇化的绿色转型和可持续发展。

参考文献

[1] 彭皓栋:《小城镇低碳城市更新模式及路径研究——以五指山市为例》,《城市建设理论研究》(电子版) 2024 年第 18 期。

[2] 马瑜:《新型智慧城市的建设路径探析——以西安为例》,《美与时代·城市版》2024 年第 5 期。

［3］蒲佳茹：《绿色低碳城市规划的设计与实施研究》，《中国住宅设施》2024 年第 5 期。

［4］蒋玮：《深度学习对低碳城市建设发展的影响研究》，《科技创新与应用》2024 年第 15 期。

［5］温海镠：《绿色城市设计与低碳城市规划的一些分析》，《中外建筑》2018 年第 7 期。

［6］王明田、张雪、陈津等：《新阶段绿色小城镇建设路径和技术导则初探》，《环境保护》2022 年第 5 期。

［7］祖振旗：《基于动态规划的工业型小城镇生态转型路径研究》，北京建筑大学，2022. DOI：10. 26943/d. cnki. gbjzc. 2022. 000285。

［8］马楚纯：《"双碳"目标下城镇生态治理研究》，《合作经济与科技》2024 年第 11 期。

［9］陆小成：《生态文明视域下城市群绿色低碳技术创新体系构建》，《企业经济》2022 年第 6 期。

城市基础设施数字化与数据资产化

徐振强*

今天学习了大家的报告，我很受启发，很多老师特别有情怀，坚持在这个领域做很多年。我也很荣幸，从 2011 年到现在一直在做，特别是切近了住建部的试点，也了解了一些国家层面对智慧城市的考虑，包括一些基层实践和国家部委的思考。

其中有一个核心问题就是发展智慧城市驱动力的问题。

一　发展智慧城市的驱动力

第一，增强智慧城市顶层设计的可落实性。

＊ 徐振强，全国市长研修学院（住房和城乡建设部干部学院）副研究员、中央财经大学硕士研究生导师，中国城市科学研究会数字城市中心原副主任。

第二，增强智慧城市运行的经济属性。

第三，增加智慧城市有效的场景设计。首先要场景有用，从 2020 年开始切入基础设施这个领域，从城市大的经济尺度来说，一个是房地产带动，一个就是基础设施。要确保我们的基础设施有用有效，这样更贴近当前的社会更新改造。

二　当前进展

2011 年相关部委领导提出以新城建对接新基建，在基础设施方面明确了相应的任务，提升基础设施的数字化能力和水平。

16 个单项试点，包括郑州、承德、长春、海宁、湖州、绍兴、芜湖的基础设施、水电气暖更新改造和数字化能力集成的城市。

（一）评估智能化市政基础设施试点成效

我们评估从 2020 年开始取得的成效，包括供热、燃气和供水这三个具体的领域。现在有大量沉睡中的固定资产需要盘活，这部分有超过 150 万亿元的政府资产没有被有效地盘活，要从这个角度考虑数字化，这相当于是催生经济价值的一个点位。承德的工作现在在全国基本上排在第一位，超过了北京，通过数字化的效能提升，达到了预期的效果，在东北地区有很强的示范推广效应。安徽的芜湖做了燃气，然后是安全处置和应急保障，通过一些数字化的能力赋能专业领域，这里面也和数字化改造有很强的结合。海宁市瓶装燃气的改造，通过数字化的落地产生了很好的效果，包括通过数字化的平台在浙江省做得比较超前。另外就是绍兴的供水，通过节水数字化的技术应用，达到了较好的节水效果，降低了供水管网的漏损。最近可能大家会看到一些信息，包括燃气的涨价，包括基础设施中一些公用设施的付费涨价，在这样的背景下提升能效领域价格的平衡有直接的益处。

（二）研判适合培育为行业标准的数字技术

在这个过程当中我们实现了几个核心技术。做咨询的时候我们发现很多ICT从业人员技术能力很强，但是其理不清楚或者说不是很了解专业领域里面哪些技术需要重点去做。围绕这个问题我们把三个领域里面相关的核心技术识别出来。比如供热，不管是总供应商，还是做行业应用的，掌握了这些技术，然后应用到核心领域里去，这样的话这个路径就通了。包括承德的供热、长春的供热、芜湖的供热、海宁的燃气，这样就可以在细分领域展开。

三　行业契机

首先，上面给大家汇报的是在住建部大力推动下基础设施三个核心的场景，七个城市做的一些 KPI 考核，不管是项目还是数字化技术均取得显著成效。

其次，我们思考在城市建设领域场景的设计，在智慧城市大的框架里面把这个逻辑放上去以后能够做得起来。2018 年国家推进风险灾害补偿，安排各个部委去落实。现在住建部系统已经基本掌握了房屋和很多基础设施的基础数据。在这样的背景下，我们当时提出了一个数据价值挖掘的问题。2023 年 4 月份，住建部同意长春做关于灾害补偿的数据应用，因为数据端的事情想不清楚，平台做得再多，系统挂得再多，也仅仅是提出了一个管理层面基础数据的问题，而没有考虑它的应用，包括它的市场化价值问题。

现在做数字化是政府投钱，不管谁投肯定都要看到价值。从 2020 年开始，我们做了一个关于城市基础设施拉动经济能力的研究。我们用不同的方法，围绕着三个细分领域拉动经济投资的能力。

国家层面提出更好发挥数据要素作用，重视发展数据要素可以赋能智慧城市发展。智慧城市是一项工作，这项工作有大量的技术手段、行政措施都可以纳入进来，包括数据资源处理是实操层面的东西。数字资产 2024 年 1 月 1 日正式入表，提供了很好的流动性，就是智慧城市的建设要和经济属性挂钩，实现经济的流动性，实现资产的盘活，就是刚才介绍的基础设施实现了 150 万亿量级的盘活。

刚才介绍了怎样让我们的基础设施更加有效，其实也是回答了如何让我们的顶层设计有用的问题，而不是你要就给你建，建到最后都烂掉，这也没什么意思。另外一个维度就是经济角度，资金经费从哪儿来？这里列举了 11 个方面，包括基金、管网资产化、绿色金融、REITs、存量资产房等。我们现在在给很多 ICT 公司找路，不然的话地方城市政府在当前背景下推项目是很困难的。在有关市场协会的年度报告当中也把我们对投融资的理解纳入进去，就是多元融资模式的思考。

四 案例跟踪

我们现在跟踪了一些案例，如贵州的融资贷款数据，北京的环境数据，温州的数据入表、公共数据入股、公积金数据资产化。我们培育一两个赛道，形成指南，最后全行业拉动，从业务角度来说这是很有益的事情。

第一是贵州的融资贷款落地，第二是北京环境数据，这是北京通州的一个上市公司做的数据资产登记凭证。今天有专家提到公共数据，我觉得现在地方是很着急的，国内这么多大数据交易所其实少了有限公司几个字，它和上海证券交易所不是一回事。这里面催生了一个新的业务领域叫数据知识产权。传统的知识产权公司只做传统的专利商标，现在搞数据的，把这个行业催生出来，发挥作用。比如说抵押贷款，抵押贷款其实我不怎么看好，我更看好温州的数据入表，其直接在政府、城投平台体内循环，这个事情又安全又好，又解决流动性的问题，是一个创新。

另外，给大家讲一下管网数据资产盘活的问题。我们地下有大量的城市管网，它没有变成可经营的资产。湖北做了一些创新，通过数字化的方式把资产搞清楚，然后和它的水价进行结合。传统的信息化就是做信息化，我给你把平台可视化解决完了就结束了。但是，对于地方政府来说要把它盘活，把整个平衡做起来，甚至要把费用包括政府的补贴，综合到水价里去，实现一体化的管网结合。安徽六安，在数字化基础上做好水务数据和城市运营的结合，推动非经营资产变成经营资产，赋予了经济维度的属性。

2024 年 1 月份的时候我做了一些思考：第一，放大公积金数据的应用。第二，地下管网的数据资产应用，包括燃气、节水、节碳，把这些和绿色金融挂钩。第三，资产管理，它是一个超级平台，现在城市发展面临着城市更新，郑州也一样，我们的资产在哪儿，权属关系有多少，什么状态，在谁手上，这一系列东西理清楚之后就能为我们城市更新、单元设计、资金平衡提供一个最有效的支撑，可以和三维空间里面一些商业业态结合，达到片区更新的层面。

现在我们看到的情况比较振奋人心，很多城投平台陆续推进了城市建设领域的市政数据入表，它比抵押贷款更安全，相当于在政府城投平台体内循环，包括公交数据、供热数据，这方面做了很好的实践探索。比如南京的供水数据，通过会计师事务所、律师事务所等把它做出来，包括高铁站的停车数据、水务的数据等。

另外说一下 REITs（不动产信托投资基金），这个东西可以解决优质资产项目上市的问题。这里面有一个核心点，就是通过数字化提升它的运行效率，说得直白一点，就是让市政基础设施达到 6% 以上的收益率。我前两年调研发现很多传统的市政类基础设施数字化转型能力偏弱，但是传统的 IT 公司又没有想到为什么要做这件事，但是一旦能够赋能到它的项目级上市，对地方城投平台资产进行盘活，那结果就不一样了。假设投了 10 个亿 REITs，有 49% 的钱就能从社会资本进来，投了 10 个亿，4.9 个亿就出来了，政府愿意做这种快周转的事情，这样的话它的钱能快速进、快速出。

前段时间我在做青年发展型城市研究，跨界之后有一个好处，你把它整合之后可以给领导一个新的视野。比如说我当时在北京海淀搞青年发展城市调研，就把保租房的一些单位请过来，有些人抱怨说保租房区位不好，各项服务到不了位，交通也不行，我马上就跟他说这是好事，如果他有这些问题就代表他有这个需求，政府不是免费提供，而是给他提供付费的产品和服务，在做好租金运营的同时又进行了增值服务，你的收益率就会上去。收益率上去有什么好处呢？我们一直强调 6% 这个概念，6% 就能达到发 REITs 的门槛，你能发 REITs，49% 的社会资金就能够进来，这就是数字化赋能。我们要搞有用的数字化，你别弄一些这个平台那个平台，搞来搞去一大堆，最后政府没有获得感，包括城市的垃圾、市政基础设施都有一些好的点。

我觉得今天给大家汇报的这些案例很有价值，可以去重塑我们的顶层设计。拿着这个东西跟那些头牌做顶层设计的一比完全不在一个档次，他们更多的是集成地方的需求搞出一个大平台就结束了。我们这个完了之后，给他提供的是整个体系设计中，哪一部分有现金往来，哪一部分有付费，哪一部分是运营，领导看了以后就愿意跟你合作，而且有实证案例，这样来做是从对地方政府相对负责任的角度考虑这个事情，运营也有说服力了。包括刚才说的REITs，能够盘活资金为什么不干这件事？河南前几年PPP项目做得多，专项债也发得多，我们看到的结果是什么呢？烂尾比较多，负债比较重，所以我们要使经济的流动性循环起来。

关于数据资产化，我们认为做入表比较好，入表属于体内循环，比较安全。因为我们之前总是说数据的安全问题，数据要透明，我们是先考虑它怎么能用起来，它值多少钱，然后再考虑加哪些安全措施能提升它的安全可信度。比如说值100块钱，拿80块钱做安全，而不是说一开始拿80块钱做安全，有什么用现在搞不清楚，要从逆向思维考虑这个问题。

第一，数据资产化赋能信息基础设施的常态化运营。现在很多部门，包括数据局、信息中心都强调信息基础设施新基建，就是用数据价值赋能新基建，使之能常态化运营起来。第二，更重要的是存量资产盘活。就是大的物理空间基础设施盘活的问题，要发挥这种催化剂的作用，就像我们这个楼宇内的强弱电和整个楼的建设，应该说不超过7%~8%，大的物理空间建设要实现存量资产的盘活，用这样的方式支持城市运行，形成一个有效的顶层设计，进而变成有用的。

我们觉得在国家未来城市实验室的大体系里，有市场资源，包括有国际合作相应的平台，这几方联合在一起做好理论研究，然后再落地一些具体的赛道，这个事情自上至下和自下至上就融通了，对整个体系的建设，对智慧城市的健康发展是有益处的。

数据要素的经济技术特征与空间属性

王　谦　刘治彦[*]

21 世纪以来，世界进入了互联网时代。随着新一代信息技术的发展，特别是物联网技术趋于成熟，以及一系列战略性新兴产业崛起，人类社会开始迈向以网络为支撑、以人类智慧驱动发展的智慧社会新时代。这个时代不同于以往的农业文明和工业文明。从支撑各种社会形态发展的能源、材料、生物医学与信息媒介来看，农业社会主要是薪材、青铜、传统医学和农业、文字与纸张；工业社会主要是化石能源、金属与非金属材料、现代医学与生物技术、计算机与孤岛信息；智慧社会主要是新能源、新材料、基因生物医学和现代农业、万物互联的新

* 王谦，中国社会科学院生态文明研究所博士后；刘治彦，中国社会科学院生态文明研究所二级研究员，中国社会科学院大学博士生导师，经济学博士，中国社会科学院国家未来城市实验室主任、中国社会科学院生态文明研究智库特邀研究员。

一代信息技术和太空海洋开发技术，驱动经济社会发展的主力是人类的思想与情感。可见，人类社会在继农业文明时代、工业文明时代之后，又迎来一个崭新的文明时代，可称之为智慧文明时代。农业社会主要生产的是农副产品，以解决生存需求问题；工业社会主要生产的是工业产品，以解决发展问题；智慧社会主要生产的是智慧产品，以解决自由问题。智慧文明时代，人类的体力与脑力将得到极大解放，创新思维与情感成为体现人类价值的主要方面，人类正在由"必然王国"的困境迈向"自由王国"的新境界。

"数据"的存在由来已久，但长期以来其并未作为生产要素而受到关注，数据要素成为智慧社会的基本构成要素。科技革命是经济增长的动力源泉，"新技术诞生——关键生产要素变迁——基础设施、产业、生产组织形式、商业模式、制度框架等适应性改变——社会经济变革"的路径下，科技革命与经济变革之间存在着周期性的耦合。科技革命驱动经济变革，其纽带是关键生产要素投入的变迁。科技革命带来的新关键生产要素在促进投资增加和生产率提升上有巨大的潜力，有持续大规模的供给且获取成本低。它可以通过直接或者间接的方式作用于其他生产要素，改变其质量，共同推动经济增长。

技术革命驱动经济变革的历史轨迹见表1。

表 1 技术革命驱动经济变革的历史轨迹

技术革命	主导技术	关键生产要素	新产业	新组织形式
第一次技术革命	机械化技术	棉；生铁	纺织业；机械制造	工厂机械化生产，小公司
第二次技术革命	蒸汽动力技术	煤炭	蒸汽机制造；机床制造业；铁路设备制造业	大公司，有限责任公司，股份公司等所有权形式
第三次技术革命	电力、钢铁、天然气、合成燃料技术	钢铁	电工电气机械；船舶用钢；合成燃料制造业	巨头企业；垄断和寡头变得常见；"自然垄断"和"公共产品"的国家所有权
第四次技术革命	石油、化工、航空航天技术	石油	飞机、汽车制造业；石油化工生产及供应业	福特式大规模生产；寡头垄断；跨国公司；垂直一体化；中央集权，分工和层级控制；"金字塔"式企业架构
第五次技术革命	信息通信技术	数据	电子信息制造；电信业；软件和信息技术服务业；互联网行业	去"中心化"，扁平化，网络化组织形式；平台经济

资料来源：参照王姝楠、陈江生：《数字经济的技术-经济范式》，《上海经济研究》2019 年第 12 期修改补充。

新兴的信息技术将我们带入数字经济时代，数据迎来爆炸式增长。原本孤岛式的数据被互联互通，又逢现代计算能力的叠加，数据展现了其不可估量的要素效率提升能力、资源配置基础能力、价值发掘与增值能力等，具有规模性、多样性、实时性、价值性、低耗性等特点，在生产过程中发挥重要作用，在价值创造过程中担当着重要的角色[1]。数据迅速成为新质生产力要素。

一 数据要素的内涵

（一）数据、信息与知识

在最新版的《牛津英语词典》中，数据（data）被定义为"被用于形成决策或者发现新知的事实或信息"。根据国际标准化组织（ISO）的定义，数据是对事实、概念或指令的一种特殊表达方式，用数据形式表现的信息能够更好地被用于交流、解释或处理。在《现代汉语词典》（第七版）中，对于数据的解释是："进行各种统计、计算、科学研究或技术设计等所依赖的数值"。在计算机产生后，计算机成了数据的主要载体，数字化数据也成了数据的主要形态。在计算机科学中，数据是对所有输入计算机并被计算机程序处理的符号的总称，包括电子化的字母、数字、文字、图形、图像、视频、声音、音乐等。从经济活动的角度来看，加拿大统计局将数据定义为"已经转化成数字形式的对于现实世界的观察"。采取数字形式的数据能够被储存、传输以及加工处理，数据的持有者也能够从中提取新的知识与信息。

信息（information）的概念可以追溯到"熵"，信息论的奠基人香农提出信息熵的概念，并认为"信息是用来消除不确定的东西"。信息可以被称为"资讯"，二进制码比特（bit）是信息的单位，比特数据是传播信息的媒介。Wiener[2] 提出，"信息是人们在适应外部世界，并使这种适应反作用于外部世界的过程中，与外部世界进行互相交换的内容与名称"。他第一次提出物质、能量和信息是构成世界的三大要素。语义信息学认为，语义信息可以用"数据空间"来定义，可以根据形式适宜、有意义且真实的数据获得令人满意的语义信息。在信息管理学中，Horton 定义信息为"一种可管理的资源，是为了满足用户管理决策的需要而经过加工处理的工具"[3]。因而，数据只是信息的外在表征，是信息的载体，借助数据载体，物理世界被记录及描述，并通过对数据的计算和分析还原信息的意义。

知识是正当合理地被人们相信的真实信息。《牛津英语词典》中对知识的解释是"知识是意识到了或得到了告知的状态"。《知识论》的作者胡军[4] 认为，"知识是正确的信息"。《知识系统论》的作者李喜先[5] 认为，知识是语境中的信息，是在认知活动中被消除的不确定性。从知识的类型来看，知识可分为简单知识和复杂知识、独有知识和共有知识、主观知识和客观知识、具体知识和抽象知识、显性知识和隐性知识等。从知识的可见性角度来看，知识可分为两种，一种是显性知识，可以用语言、文字、数据、图表、公式表达的；还有一种是隐性知识，是与特定的情景有关的个人知识，很难用语言、图表、数据等形式表示出来，也很难进行交流。20 世纪 50 年代，英国著名的哲学家波兰尼（M. Polanyi）[6] 发现了知识的隐性维度，"我们知道的远远大于我们知道自己知道的"。除了技术方面，隐性知识还包括认知方面，即看问题的角度，理解问题、认识世界的方法。这种知识更难传递，也更有价值。例如，对商业模式的感觉或洞察力也是种隐性知识。

数据是对事实的记录与描述，是最原始的素材，未被加工解释，没有回答特定的问题，没有任何意义；经过数据处理活动，信息的意义被表征出来，因此信息具有了意义且具有了动态变化的特性；知识是经过验证的真实的经验或认知。

（二） 数据要素与数据资本

"数据要素"是参与到价值创造过程中的数据资源。互联网时代，人或物的行为以二进制码的方式遗留下痕迹，数据成为一种虚拟的、体量大且类型丰富的可以为生产生活所用的资源，包括交易数据、金融数据、身份数据、车载信息服务数据、时间数据、位置数据、射频识别数据、遥测数据和社交网络数据等。数据是生产要素，是指经济活动中对数据的应用，"数据要素"是以现代信息网络和各类型数据库为重要载体，在信息化基础设施、协同网络与智能技术的支持下参与到价值创造过程中的数据资源。这一定义包含以下几方面的考虑：第一，数据要生产要素化，具有"资本"属性。简单堆积的数据不能直接成为数据资本，经处理的、可为新的生产过程提供助力的数据才是数据资本。第二，数据要素以现代信息网络为载体。比如 Alphao 自对弈的棋谱单独提取出来，虽然标准规范，但仍难以称为数据要素，而将其置于人工智能自我学习的数据库中，为优化算法做出贡献时，才可能成为数据要素。第三，数据要素需要联通、共享。硬盘中一份孤立的数据即使为其拥有者的数据分析、人工智能做出了贡献，其作为数据要素的价值仍然很小，而如果将其接入网络，其他分析部门乃至大量外部同行共享、分析，并与生产实践相对接，那它作为数据要素的价值就大幅提升了[7][8]。

当前资本化是常用词，所谓的资本化，是指把各要素资源如土地、资产、劳动者未来收入、数据等通过产权化和证券化形式实现转化，具体转化为可流通的资本。要素资本化以价值化和证券化的要素资源作为基础，并通过市场化租赁经营及参股控股等途径优化配置，依据此来提升资本运营效率，使得经济组织的报酬能实现递增。要素资本化目标明确，即确保要素资源能实现保值增值。数据要素资本化则为借助相应手段来盘活数据要素，使其能成为增值数据资产，最终转化为数据资本，再通过资本运营来使其价值获得体现。此处的数据资本是指具有产权权属且能实现价值增值的数据资源，如数据资源总量以及数据资源质量等就属于数据资本。

（三）数据要素与其他传统生产要素的区别与联系

传统生产要素主要包含自然资源（包括水资源、能源资源、土地资源、矿产资源、气候资源等），资本要素，劳动力要素，技术、管理与信息要素（三者均具有高智力、高技术含量等特点，简单概括为知识要素），数据要素与传统生产要素存在显著的区别（见表2），以下做出详细阐述。

从一般属性比较而言，数据要素是一种虚拟要素，它以二进制码为载体、依赖于网络虚拟空间而存在。借助传感设备，所有的行为、物体，包括风、流水、空气中的湿度都可以被感知，人类在网络空间中的所有足迹以数据的方式被记录下来，在信息时代，数据永续产生、无限供给。与此同时，由于数据的可复制与可共享，数据要素又具备了其他传统生产要素所无法比拟的低成本特性（理论层面数据要素具备完全复制与共享性，但由于数据产权问题尚不明晰，当下数据的完全共享受体制约束）。相比之下，传统自然要素具有明显的实体性、稀缺性、成本高、排他性特征，传统知识要素虽同为虚拟资源，却依赖于人力资本或实体资本而存在，相对稀缺，强调知识产权、排斥共享，规模小、成本高。

就空间属性而言，从要素空间转移及流动的视角看，依托于网络的数据要素以光纤速度实现瞬时转移，具有完全的流动性，要素获取及应用没有地理位置的限制，对地理邻近性完全无依赖。相比之下，传统的生产要素受制于物理空间，部分自然资源完全不可移动，如土地，部分资本（如矿产）依靠传统物流进行实体生产资料运输，流动性很差，对地理邻近性具有很强的依赖性；知识等传统生产要素强调技术、人力资本邻近，需要借助传统物流获取其他生产资料进行生产，因而从一定程度上也是依赖地理邻近性的。

表 2 数据要素与传统生产要素的典型区别

		新要素	传统生产要素	
		数据	资本、劳动、土地	知识、技术、管理
一般属性	形态	虚拟	实体	虚拟
	载体	二进制码、网络虚拟空间	资源实体	人或资本实体
	稀缺性	永续产生、不稀缺	稀缺	相对稀缺
	成本	低	高	高
	规模	大规模	既定规模，总量固定	规模小
	共享性	可复制、非排他	排他	排他
空间属性	空间转移与流动	瞬时转移、流动	流动性差或不可转移	流动性较高
	获取、应用空间属性	无地理位置限制、依赖网络随取随用	低获取成本、要素邻近、依赖传统物流获取其他要素进行生产	技术邻近、人力资本邻近型生产布局，依赖传统物流获取其他生产要素
	地理邻近性依赖	无依赖	强依赖	依赖

同时，数据要素与传统生产要素也存在必然联系。一方面，在生产要素中，不论是资本、劳动、土地、知识、技术、管理，还是数据，均是生产的必备要素。在现代经济体系中，某个生产要素一般需要与其他生产要素协同完成生产。在不同时代，生产要素的表现和组合形式不同。在数字经济时代，虽然数据成为关键生产要素，权重日益提高，对生产的价值贡献日益突出，但数据也需要与劳动、土地、资本、企业家等要素

进行协同，共同完成生产任务。另一方面，数据要素成为联系、激发其他要素关系、效能的桥梁。经济活动的效益是各个生产要素协同作用的结果，要素之间的连接形成了经济价值网络，以数据为纽带，不断冲破行业信息不对称的壁垒，跨行业资源整合成本不断降低，行业不断跨界融合、衍生出新的经济形态，数据在其中发挥着核心和纽带作用。

二　数据要素的功能

（一）数据要素的渗透、融合功能

数据要素具有无处不在、无时不有、多维多元的明显特征表现。这种数据融合，多维视角立体化映射经济联系、要素流动，一方面提升大数据生产要素本身的内涵价值，另一方面也是产业跨界融合的一个微观机制。"当下数据不仅是类型多样，更重要的是内容的'维度'多样和知识范畴的'粒度'多样，呈现出一种多元性，它体现了数据与知识之间的立体关系"，孤立或者是被割裂的数据无法勾勒用户的全貌，相反数据融合会产生极大的价值[9]。集成来自不同数据源的数据，并对其进行协同、关联、聚合，充分利用数据间的互补性作用，才能整体地、全面地认识事物[10]。

要素融合，一方面是要素协同性所决定的，另一方面是挖掘大数据潜在价值的需求所决定的。挖掘大数据的潜在价值需要拥有数据资源、掌握分析数据的专业技能以及具有利用数据分析结果催生创新应用的思想[11][12]。当人们开始发现大数据所隐含的巨大价值时，大数据生产要素就会倒逼人类充分调动知识、智力等要素以挖掘和释放其中的价值。对于"管理""组织"等要素，大数据同样存在倒逼机制，大数据以一种自然发生的状态渗透到社会经济的方方面面，在不可阻挡的时代技术潮流面前，与人的主观能动性息息相关的"管理""组织"等要素也必须升级以适应新形势，比如组织方式形态的变革，营销、服务、流程管理创新，大数据将极大释放"管理""组织"等要素的潜能。数据与劳动、资本等传统要素的融合，更容易激发乘数效应，共同参与价值创造[13]。

数据要素融合，一方面可以很大程度上避免片面认识、助力科学决策，另一方面在某种程度上也是产业跨界融合、产业跨界合作，甚至产生新行业的一个微观机制。

（二）精准动态匹配功能

区别于传统媒体只能建立单向互动关系，互联网拥有支持海量人同时互动的能力，是一种双向交流的媒介，互联网的这种本质特性使企业和客户、生产参与者和消费者、服务者与被服务者，简单讲网络上的各个点都突破了地理空间的限制，可以实现实时沟通，相似的价值追求、兴趣爱好等足以支撑各市场主体在网络环境中集聚形成虚拟社区、虚拟平台。我们在网络上留下的足迹——所形成的交易数据、金融数据、身份数据、车载信息服务数据、时间数据、位置数据、射频识别数据、遥测数据和社交网络数据等经过智能化的数据分析，足以真实地反映性格、偏好、意愿、内心的需求和感受，以此为基础，细分市场成为可能。在协同网络生态下，智能化的大数据可以实现"点对点""点对面"的精准匹配。当然，也在诸多领域为及时决策、精准资源配置，提高生产效率、经济效率和合理空间布局发挥大的作用。

"传统的资源基础理论是基于静态观点构建的，其关键假设'具有价值性、稀缺性、不可模仿性和难以替代性的资源能够为企业带来持续的竞争优势'在不稳定、不可预知的环境中是不成立的"[14]。在互联网时代，数据量、数据源持续增加，数据类型也在不断地发生变化，Irfan Ahmad 曾预测，到 2020年，预计地球上每个人每秒会产生 1.7M 的数据，数据承载的内容也呈现持续变化的状态，网络协同与智能技术依托下的大数据赋予了企业"动态能力"的生产要素[15]。动态能力是企业应对环境变化快速反应、整合资源、组织优化的高阶能力，数据产生的方式决定了大数据的实时性，实时性的信息交互及依托协同网络的目标市场主体相互触达构成了大数据的动态匹配，而动态匹配成为提升组织运营效率与加速要素流动的重要机制。

（三）高效反馈功能

大数据反馈机制最显著的特点是"高效""即时"，智能数据"高效反馈"所形成的自提升自完善特质对于科学决策具有重要意义。

"反馈"是检验决策有效性并指导后续决策的必要环节，传统的反馈路径，比如我们收集销售数据、试图总结出能促进消费者购买的定价机制或产品特征，我们调整价格、改变产品特征并再次进行试验，然而当我们总结出分析结果，并调整了价格和产品的时候，情况又发生了变化，对科学决策的贡献率并不高。值得一提的是，传统的"反馈"过程是建立在抽样且对抽样数据进行极致清洗的基础之上的，反观大数据时代，全样本、尊重真实数据以及探索相关关系而非因果关系的思维决定了智能数据的"反馈"呈现出新的特点。协同网络的海量数据运用智能化处理分析方法，以更快的速度、更精确的分析方式来运行这种反馈回路，比如支付安全、高铁地铁车辆安全运维、智慧城市、金融反欺诈、实时征信等应用场景就是在"高效反馈"机制支持下的新服务，再比如广告界的大数据应用程序通过提供多种多样的广告能够得知哪个广告最奏效，能在细分基础上判断出哪个广告对哪种人群最奏效，甚至能确定不同的字体、颜色、尺寸或图片的有效性，这直接指导了投放广告的决策实践。决策执行、反馈、优化、再反馈的迭代效应使得大数据具备了自我提升和自我完善的特质，在科学决策中发挥着重要作用。

三 数据要素的经济—技术特征

数据无处不在，它已经渗透到生产、生活的方方面面。数据是存在于经济社会系统中的数据，在与信息通信技术、协同网络和智能分析技术的融合支持下，数据采集、存储—统一标准下数据联通—算力算法下数据分析挖掘—数据开发与应用，既是一个技术过程，也是一个与之相互适应、相互作用的经济、社会过程，在这个过程中产生了超越数据集合的诸多惊人效果，具有依赖性、渗透性、虚拟替代性、动态精准性、自组

织特性、共享低成本性等一系列重要的经济—技术特征，如图
1 所示。

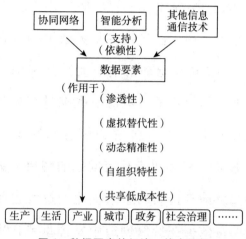

图 1 数据要素的经济—技术特征

依赖性一方面是指数据要素参与价值创造所必需的其他要
素的支撑，这是生产要素的协同性特征（要素之间存在相互联
合相互依存的需求）所决定的；另一方面是指技术层面协同网
络与算力算法、智能分析技术及其他信息通信技术的依赖。
"网络协同"是建立在网络效应基础之上的协作化组织方式。
协同效应的本质是相对于工业时代传统、封闭、线性的供应链
管理体制而言的，"网络协同"是在网络环境下，有更多的社
会角色，更多的生产、储存、交易、流通环节，大规模实时的
社会化协同。数据的产生与作用的发挥都依赖于"协同网络"，

脱离了数据产生、储存、流动、应用的主体与平台，数据也就脱离了价值创造的过程。数据智能是数据参与价值创造的另一个重要依托，"数据挖掘和人工智能等应用工具在大数据处理中发挥着重要作用，现代信息技术是大数据赖以存在和发展的重要支撑力量"。数据智能是指基于大数据引擎，通过大规模机器学习和深度学习等技术，对海量数据进行处理、分析和挖掘，提取数据中所包含的有价值的信息和知识，使数据具有"智能"，并通过建立模型寻求现有问题的解决方案以及实现预测等。这种持续反馈与持续的结果优化的过程也就是数据智能的过程。我们期待数据在价值创造中发挥重要作用，需要对数据指导生产实践的质量进行有效控制，因而数据智能是数据参与价值创造的重要支撑。

渗透性是指某种要素、某项技术深入到经济社会生产、生活、各行业并与其相互融合，带来经济运行方式改变的特征或能力[16]。数据无处不在，随着大数据影响范围的扩大，越来越多的行业开始运用大数据技术，以期从中获取有用的价值。比如在公共管理领域，大数据助力电子政务、电子治理，在政策技术层面、政府能力层面、国家治理层面和社会价值层面产生重要影响。在城市治理领域，在大数据技术的支持下，交通、环保、水务等领域开始向智慧化方向发展。在产业领域，金融、医疗、现代物流、电子商务、现代制造等产业乃至整个产业链条在大数据时代焕发出新的活力。

虚拟替代性是指依赖于网络虚拟空间的数据要素对其他生产要素——如土地、劳动力等要素不断替代的特征。网络、大数据与现代信息技术构建了庞大的数字世界，虚拟空间打破了传统物理实体空间的束缚，形成了虚拟产业集群、虚拟科技园区等新型经济关系，产、供、销业务"虚拟化"。由此可以创造脱离土地发展的新模式——数据要素与网络、通信技术等融合创造线上、无地化的新发展空间，减少对土地的依赖，对冲、解决土地资源的紧张，这是数据要素对土地要素的替代。大数据与人工智能技术融合，导致某些职业或某些岗位的逐渐消失，是数据要素对劳动力要素的替代过程。大数据的虚拟替代性是创新发展模式的重大突破。

动态精准性是指数据要素赋予了市场主体实现实时精准调整的"动态能力"的特性。"传统的资源基础理论是基于静态观点构建的，其关键假设'具有价值性、稀缺性、不可模仿性和难以替代性的资源能够为企业带来持续的竞争优势'在不稳定、不可预知的环境中是不成立的"。在互联网时代，数据量、数据源持续增加，数据类型也在不断地发生变化，数据承载的内容也呈现持续变化的状态，网络协同与智能技术依托下的大数据赋予了企业"动态能力"的生产要素。动态能力是企业应对环境变化快速反应、整合资源、组织优化的高阶能力，数据产生的方式决定了大数据的实时性。

自组织特性是指数据尤其是智能化数据所具备的引导数字系统内要素自动走向高级有序组织结构的特性。数据渗透到生活的方方面面，大数据与社会网络应用的发展使得当今的网络环境成了一个巨大的、精准映射并持续记录人类行为特征的数字世界[17]。从系统、组织的视角看，在协同网络与智能技术的加持下，数据传递、存储、集成、共享，形成若干数据关联且数据互补的一体化组织，构成这个数字世界的子系统，而所有的子系统按照相互默契的规则，各尽职责且协调自动地构成了整个数字世界的有序结构。虚拟社区、平台经济、共享经济、大数据形态下的供应链管理，其本质便是相互关联数据的集成共享所形成的经济模式，大数据的自组织特性引导实体经济组织自动地走向高级有序，这也是实体经济模式创新的一个微观基础。

共享低成本性是指依赖于协同网络的数据可复制、可共享、可再生、非消耗的特点而导致的低成本特征。协同网络与其他先进信息通信技术的发展是数据流通与数据共享的技术基础，众多大数据平台的建立更加促进了数据共享。就数据使用主体而言，数据具有"非竞争性"与"非排他性"，不同主体、平台使用数据彼此互不排斥及互不干扰。就数据使用过程而言，数据不仅可被重复利用，而且可以不断再生，累积增值——随着数据规模的增大，其可挖掘的价值也会呈几何级数上升。共享低成本性是数据要素的又一重要经济—技术特性。

四　数据要素的空间属性

区别于劳动力、资本等实体要素的空间分布特征，数据要素的存在形式、数据源、数据传送方式、数据使用方式决定了数据要素具有区别于传统生产要素的空间属性（见图2）。

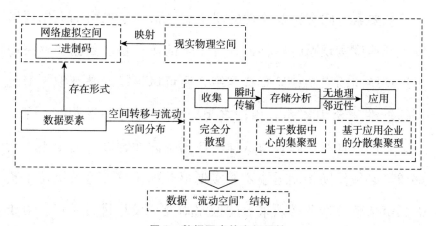

图 2　数据要素的空间属性

从数据要素存在形式的视角看，区别于劳动力、资本以物质为基础的存在方式，数据要素作为一种虚拟要素，它以二进制码的方式存在，以虚拟网络空间为载体。数字经济时代，"互联网过滤了整个社会，具体来讲，社会中的各种事物及行为经过互联网的过滤可以在网上找到对应的虚拟镜像，实体经济中有企业、银行、市场及交往，而网络虚拟经济中就有虚拟企业、虚拟银行、虚拟市场与虚拟交往。"[18] 网络虚拟空间是现实物理空间的映射，数据要素以二进制码的形式存在于虚拟世界，并在实体经济与虚拟经济之间发挥着中介的作用[19]。同时，数据要素作为虚拟要素受到来自信息化基础设施等物质资源的制约，信息化基础设施的布局直接影响数据要素的收集、传输以及应用。

从要素空间转移及流动的视角看，依托于网络的数据要素以光纤速度实现瞬时转移，具有完全的流动性。数据要素突破了地理空间的限制，只要有网络，便可以被及时地获取，对地理邻近性完全无依赖。相比之下，传统的生产要素中，像土地、矿产等自然资源必须依赖于地理空间而存在，完全不可转移或者必须借助物流运输才能实现艰难的位移，这就决定了资源禀赋依赖性产业必须采取就近原则选厂设址进行生产，对于地理邻近具有强依赖性；知识、技术、管理等要素流动性介于两者之间，流动性较高，其原因在于知识、技术、管理要素大多以"人"或"劳动"为载体，其流动性取决于"劳动"的流动性，技术邻近型的生产组织方式决定了其产业选址还是会考虑到技术、人才的聚集，对于地理邻近性具有一定的依赖。

从数据要素的空间分布特征的视角看，根据数据要素的产生、存储与应用过程，数据要素的空间分布呈现出完全分散型、依赖于数据中心存储的集聚型、依据数据要素应用企业布局形态的分散集聚型三种形态。在数据要素生产环节，借助传感设备，所有的行为、物体，包括风、流水、空气中的湿度都可以被感测、感知，人类在网络空间中的所有足迹以数据的方式被记录下来。感测以及记录过程中产生的大量数据需要输送到后台进行处理，互联网、移动网络终端分布决定了数据要素产生的过程是一个完全分散型的空间分布[20]。数据中心具有将数据资源进行集中、集成、存储、共享与分析的现代化的基础设施，随着数据的急速增长以及经济业务、管理的需要，数据中心呈现数据存储量大、数据处理能力强、安全性能高等特点[21]，已经处于数据要素储存的核心位置，数据储存的空间分布依赖于数据中心，呈现出集聚型的特征。在数据要素的应用环节，数据要素是数据公司、依赖数据分析的咨询服务公司、互联网公司，甚至处于利用信息化手段转型阶段的"互联网+"产业的重要生产要素投入，因而在数据应用环节，数据要素的空间分布与实体数据产业的分布相一致，呈现出分散集聚的特征。

从数据要素引发的空间结构变化的视角看，现代化信息技术支持下，数据要素流动及其带来的其他地理要素组合的变化，形成"流动空间"的过程。虚拟要素的发展使得传统的距离、地方、尺度、维度等概念发生了变化，空间边界开始模糊，关系论比区位论更适合于探讨基于流动空间的区域空间体系。流动空间的节点以城市为载体，节点存在运动变化的特点，"集聚"确定流动空间中节点的地位，而"关系"决定流动空间节点之间的距离。因而，数据要素的出现、发展，将促进区域空间从中心地体系向网络空间体系的转化，基于流动空间形成新的稳定形态的地域空间格局。

本文主要围绕数据要素的内涵、工作原理、经济—技术特征以及空间属性展开论述。在数据要素内涵阐述部分，与传统的生产要素特征进行对比分析，区分了数据、信息与知识的概念，对数据要素与数据资本展开辨析。在数据要素融合、精准匹配、高效反馈的工作原理分析的基础上，总结出数据要素具有依赖性、渗透性、虚拟替代性、动态精准性、自组织特性、共享低成本性等一系列重要的经济—技术特征。空间层面，从数据要素存在形式、转移与流动性、空间分布特征、"流动空间"结构四方面分析其空间属性，为数据要素促进经济增长数理建模、机制分析提供了理论基础。

参考文献

［1］赵刚：《数据要素：全球经济社会发展的新动力》，人民邮电出版社，2021。

［2］罗伯特·维纳：《控制论》（第二版），科学出版社，2009。

［3］ H. Forest. Informationisa Manageable Resource ［J］. Information and Records Management，1981，15（4）：9.

［4］胡军：《知识论》，北京大学出版社，2006。

［5］李喜先：《知识系统论》，科学出版社，2011。

［6］迈克尔·波兰尼：《个人知识》，贵州人民出版社，2000。

［7］徐翔、赵墨非：《数据资本与经济增长路径》，《经济研究》2020年第 10 期。

［8］约瑟夫·斯蒂格利茨：《信息经济学：基本原理》，中国金融出版社，2009。

［9］孟小峰、杜治娟：《大数据融合研究：问题与挑战》，《计算机研究与发展》2016 年第 2 期。

［10］ M. B. Rasmussen，A. W. Hansen. Big Data Is Only Half the Data Marketers Need ［J］. Harvard Business Review，2015.

［11］维克托·迈尔·舍恩伯格、肯尼思·库克耶：《大数据时代——

生活、工作与思维的大变革》，浙江人民出版社，2012。

[12] S. Aral, D. Walker. Creating Social Contagion Through Viral Product Design: Arandomized Trial of Peer Influence in networks [J]. Management Science, 2011, 57 (9): 1623-1639.

[13] 冯鹏程：《大数据时代的组织演化研究》，《经济学家》2018 年第 3 期。

[14] K. M. Eisenhardt, J. A. Martin. Dynamic capabilities: What Are They? [J]. Strategic Management Journal, 2000, 21 (4): 1105-1121.

[15] I. Ahmad. How Much Data Is Generated Every Minute? [Infographic] [EB/OL]. https://www.socialmediatoday.com/news/how-much-data-is-generated-every-minute-infographic-1/525692/.

[16] T. F. Bresnahan, M. Trajtenberg. General Purpose Technologies 'Engines of Growth' [J]. Journal of Econometrics, 1995, 65 (1): 83-108.

[17] S. P. Borgatti, A. Mehra, D. J. Brass, et al. Network Analysis in the Social Sciences [J]. Science, 2009, 323 (5916): 892-895.

[18] 马艳、李韵、蔡民强：《"互联网空间"的政治经济学解释》，《学术月刊》2016 年第 11 期。

[19] 任媛：《以互联网为纽带的产业跨界融合模式生成机制、作用层次及推进策略》，《商业经济研究》2015 年第 20 期。

[20] 胡世忠：《云端时代杀手级应用：大数据分析》，人民邮电出版社，2013。

数字经济的实践探索与理论革新

哈秀珍　崔晓雨[*]

一　数字经济时代的中国实践

数字经济是以数字化信息为关键生产要素，依托现代高速信息网络发展的经济形态。它打破了传统经济的时空限制，通过云计算、大数据、人工智能等先进技术的融合应用，极大地提升了经济活动的效率和灵活性。通过实施一系列重大战略规划和举措，我国数字基础设施迅猛发展，数字产业规模持续扩大，数字经济已成为经济高质量发展的新引擎。数字经济以其独特的网络空间性正在重构区域经济的时空格局，推动经济向

　＊　哈秀珍，中国社会科学院大学应用经济学院，博士研究生；崔晓雨，中国电子信息产业发展研究院赛迪顾问股份有限公司，研究员。

更加开放、自由、共享的方向发展。

（一）顶层设计前瞻引领

党的十八大以来，以习近平同志为核心的党中央超前擘画数字中国建设蓝图，先后提出网络强国、宽带中国、"互联网+"行动等一系列重大战略和举措，不断拓展数字经济发展空间。2020 年 11 月 3 日《中共中央关于制定国民经济和社会发展第十四个五年规划和二〇三五年远景目标的建议》全文发布，云计算和大数据等七大技术被列入"十四五"规划中数字经济范畴中的重点产业。据统计，"数字化"在"十四五"规划中出现 25 次，"智能"出现 35 次，"智慧"出现 22 次，"大数据"出现 10 次。此外，数字中国、数字时代、数字政府、数字社会、数字经济、数字生活、数字丝绸之路、数字孪生城市、数字乡村、数字消费、数字技术、数字转型、数字创意、数字娱乐等相关词语出现了 60 多次，足以表明政府对数字化发展的重视程度。党的二十大报告强调要加快建设数字中国，习近平总书记也多次就数字中国建设作出重要论述、提出明确要求。一系列顶层设计的相继落地，包括《数字中国建设整体布局规划》的出台以及国家数据局的挂牌成立，标志着中国数字化发展进入了新的阶段。

（二）数字经济浪潮澎湃

我国数字基础设施建设突飞猛进，重点领域全面覆盖。截至 2024 年 3 月底，全国累计建成 5G 基站 364.7 万个，5G 用户普及率超过 60%，具备千兆网络服务能力端口达 2456 万个，所有地级市全面建成光网城市，其中千兆城市达 207 个，所有行政村实现宽带网络全覆盖。截至 2023 年底，全国在用数据中心机架超过 810 万标准机架，算力基础设施全面支撑企业资产、产业链上云。数字基础设施的迅猛发展为数字经济发展和智慧城市建设提供了强有力的底层网络支撑。

我国数字经济蓬勃发展，数字产业规模不断扩大，新业态、新模式不断涌现，数字经济已成为驱动中国经济实现高质量发展的新引擎。2022 年中国数字经济规模达 50.2 万亿元，总量居世界第二，占 GDP 比重为 41.5%，数字产业化规模与产业数字化规模分别达 9.2 万亿元和 41 万亿元。在云计算、大数据、人工智能等数字技术的推动下，数字技术与传统产业深度融合，推动产业数字化转型升级。传统产业通过数字化改造，生产方式发生颠覆性变革，生产效率和质量大幅跃升。数字产业也不断向其他领域渗透，新业态、新模式如雨后春笋般涌现，例如，工业互联网的应用助力智能制造发展，电子商务、数字金融、在线教育、远程医疗等新型服务业态发展势头强劲。

二　数字经济时代的产业革新

（一）数据要素引致增量创造

数字技术的广泛使用在要素禀赋上所产生的增量创造效应首先表现为大数据等新创要素的出现，要素禀赋的内容得以拓展，扩大了经济发展所依托的边界和规模。与支撑传统经济发展的土地、能源、原材料等要素禀赋相比，信息、数据、知识等"人造资源"具有可复制性和无限增值性。大数据作为创新要素，跨界拓展的边际成本较低，极易与传统产业、其他前沿技术融合。传统经济元素不断被数字化，各种数据呈现指数式增长并进入经济活动中，进一步被分析、挖掘、加工和运用。数据要素越用越多、越用越有价值，使生产要素的范畴和边界延伸至更广阔的无限空间，进一步拓展人类生产生活的资源、环境、市场的载荷量。

创新要素作为新经济中最具创造力、整合力的要素，深刻改变了要素禀赋的结构、秩序和优先级，优化了要素投入的生产函数，成为放大生产力的"乘数型"新质生产力。数字经济以无形要素为主要投入，对土地、厂房等物理空间的需求极小，释放了区域经济受传统要素所限制的部分，土地资源匮乏的发达地区、地理环境恶劣的偏远山区都有充分的条件去实现"增量"发展。非区域性的知识、信息、人才、资本等依托数字经济将充分激发沉睡的区域性要素潜力，产生改造、催化和重组的作用，使区域经济整体产生"增质"效果。无形要素的边际成本、平均成本呈现递减甚至趋向于零，间接地改变了要素成本结构和要素投入函数，提高了生产函数中其他要素的边际生产效率，在生产方式和产业结构上对区域经济产生"乘数型"的放大作用。

随着要素禀赋的内容、结构、秩序的调整，创新要素的价值创造占比持续增加，区域经济转型升级和创新发展的核心要素在很大程度上向创新要素偏移。一些在劳动力、土地等传统生产要素上具有比较优势的地区，其相对优势正在减弱，与数字经济发展密切相关的人力资本、技术、数据、场景、市场等正在成为地区经济发展新的主导要素。例如，对于西南、西北等地区，数字经济助力其突破资源和地理环境的限制，使其获得更公平的发展机会。贵州、宁夏、青海等地区气候干燥，内蒙古、三峡等地区具有安全区位和清洁能源，黑龙江有着得天独厚的冷资源，这些地区具备大数据中心、灾备中心等的建设条件，并且具有低土地成本、低税收等优势，可以通过建设大数据中心、云计算中心等参与到全国的数字化建设中。

（二）技术变革重构分工体系

在全新的要素禀赋基础上，区域间分工趋向精细化、精准化和模块化，区域间生产要素更加充分的流动使得各个区域可以进一步根据自身比较优势选择产业发展模式，通过专业化分工和创新驱动实现差异化生产和价值链环节锁定。专业化分工发展程度由分工的成本决定，数字经济大幅降低包括信息获取成本、技术传播成本、资源配置成本等在内的交易成本。生产活动被进一步分解为更精细的分工操作，生产迂回程度加深，产业链的细化和延长达到前所未有的高度。一些生产环节逐步从原有生产链条中剥离，通过分包或众包的方式由外部企业完成。经济主体从追求规模经济和组织纵向一体化逐渐转向专注于更具比较优势的模块化生产①。同时，数字经济时代对个性化柔性生产系统的强烈需求使得传统生产链条被打破，根据市场需求进行个性化、差异化的产品研发成为新的发展方向，刚

---

① 寇宗来、赵文天：《分工视角下的数字化转型》，《北京交通大学学报》（社会科学版）2021 年第 3 期，第 50~59 页。

性生产系统逐渐转向可重构系统。通过模块化生产与社会协同，企业的生产能力和经营边界大大拓展，进而突破了传统制造业只能在特定空间进行规模生产的局限，集中化生产转向了分布式生产，相对落后地区或更小的地理空间单元都有机会参与全球分工体系和价值链的重构[①]。

随着分工更加细化，很多产业经历了产业链的水平解体或垂直解体，或两者兼有，规模经济的重要性让位于供应链体系，供应链和协同生产成为生产系统的改革新趋势，全社会的协同分工网络更加完善。不同产业价值链环节具有竞争优势的异质企业依靠市场机制进行社会分工和协作，凭借网络协同效应创造和共享价值，构成新的价值网络体系并明确各个企业在其中的定位和发展模式。网络和信息技术提供了超越机会和跨越平台，所有地区都能参与到细分市场当中。"平台化"是经济数字化的重要特征之一，平台化的产业组织模式具有强大的网络集聚效应，在地区之间构成了与传统产业分工完全不同的供应链网络，成为城市体系和分工格局重塑的重要推动力。实体经济利用数字技术，以虚拟空间连接分散的生产实体组织，使之相互配合、协调一致地工作，

---

① 王德辉、吴子昂：《数字经济促进我国制造业转型升级的机制与对策研究》，《长白学刊》2020 年第 6 期，第 92～99 页。

以完成单一实体不能完成或不经济的任务，实现总体效益优于个体效益之和。

（三）数字转型推动业态升级

技术进步是产业结构升级的内在驱动力，同时会带来经济范式的变化。在新的经济范式下，新兴产业往往会超越传统产业逐渐成为产业体系中的主导产业，并通过产业关联、技术扩散等效应带动传统产业转型升级，从而使产业结构向更高水平升级。就数字经济而言，其以数据为重要生产要素，数据的低成本、可复制以及可海量获取等特点克服了传统生产要素的固有缺陷，能有效解决工业经济时代边际报酬递减等问题，是引领产业结构升级的新动能。在工业经济阶段，产业演化遵循经典的三次产业变动规律，要素和产业比重由第一产业逐渐向第二、第三产业转移，经济表现出明显的农业、工业和服务业的划分。而以"平台经济"等为主的数字经济引发广泛的产业跨界融合，迅速发展的大数据、网络技术、智能技术具有极高的渗透性功能，将更多原本不具有融合基础的产业更好地融合起来。数字经济迅速地向第一、第二产业扩张，模糊了三大产业之间的界限。数字经济所推动的产业融合变革，已不是传统意义上的产业结构调整，而是通过嵌入全球价值链，互补和延伸在不同产业或同一产业内的不同行业的产业功能，通过相互渗透、相互交叉，逐步形成新产业或新业态的融合发展，推进区域产业升级，构筑新的产业体系。

对于数字经济而言，产业数字化改变了价值链分工方式，促使价值链分工参与主体之间链接更趋扁平化，各参与主体的决策更透明、信息更对称，改变了区域之间的纵向分工关系，为市场主体参与价值链分工提供了更多选择、更平等的机会。技术创新早已不再局限于处于产业链上游的研究开发环节，全产业链都存在创新需求，不同环节附加值水平的高低不仅与技术和工艺垄断有关，也与潜在的应用市场规模相关，如上游的基础软件开发、芯片设计、架构设计等基本掌握在发达国家的领先公司手中；中游加工制造环节中的高端芯片、传感器的生产设备和工艺被少数企业高度垄断，这些领域也具有极高的技术含量①；下游的应用创新与前端的技术研发同样重要，尤其是我国的人口规模和经济规模庞大，新的应用场景创新而非技术进步也能够带来更大的创新价值，如电子商务、共享经济等后端场景创新先后引发了数字经济的爆发式增长。

数字经济有明显的要素边际报酬递增等特征，为落后地区

① 邓洲：《基于产业分工角度的我国数字经济发展优劣势分析》，《经济纵横》2020年第4期，第67~76页。

创造后发优势，提供了摆脱"循环累积因果"，跨入增长路径的可能。过去由于区域经济各种发展条件的渐进性、时序性、累积性等特点，在非均衡的发展战略下，落后地区面临先行资本缺乏和内生动力不足的问题，落后地区的发展表现出较强的路径依赖性，区域间同质化竞争和重复建设造成资源浪费。随着数字经济基础条件的改善，即使是落后地区也可以做出更为灵活的发展决策，在细分领域寻找到突破点。落后地区经济转换成本较小，更有可能瞄准技术前沿实现跨越式发展，带动地区打破循序渐进的传统发展模式，以"蓝海战略"实现"换道超车"，实现跨越式发展。

（四）集聚演化重塑空间格局

数字化支撑带来空间结构演化新动力，空间结构扁平化和区域一体化呈现新局面。在要素层面上，传统的经济要素空间组织模式被打破，数字化资源要素的流动性显著提高，各个地区可以超越地形地貌、基础设施、历史文化等因素的限制，进行重新配置与组合。产业层面上，通过规模效应和平台效应，增进了城市间的合作交流与资源共享，一方面使得中心城市辐射边缘城市，增强对周围城市的引领作用，另一方面促进区域内生产模式的创新，催生出新模式、新业态、新产品①。创新层面上,各类创新要素在更广泛的网络空间内流动和配置,区域创新系统超越地域限制不断扩展。经济活动的规模集聚逐步转向网络集聚,这种集聚具有无限扩展性,其规模要远远超越传统经济中的集聚规模,能够同时促进数字空间维度的产业集聚与物理空间维度的产业溢出。空间网络层面上,点状发展往往会出现两极分化,但是网络化发展可以避免分化。数字经济自身具有网络分布和去中心化的技术特性,城市间在传统经济模式中形成的规模层级体系将逐渐被打破。在数字经济信息网络高速发展的市场环境下,边缘地区或偏远乡镇同样可以凭借相同的技术数字网络平台进入市场参与竞争。

三 数字经济时代的新时空观

与数字经济蓬勃成长形成鲜明对比的是,数字经济的理论研究相对滞后,数字经济背景下区域经济的发展出现了不同于传统理论框架下的新原理和新特征。数字经济的基础性技术具有典型的网络空间性,对以地域空间性为存在基础的区域经济学产生冲击,导致许多经典理论遭遇挑战,许多颠扑不破的原

---

① 王庆喜、武谨、胡安:《数字经济与长三角区域一体化发展——基于空间面板模型的分析》,《浙江工业大学学报》(社会科学版) 2020 年第 1 期。

理不再"放之四海而皆准"。数字经济产生的颠覆性创新、快速扩散和深度融合,对区域经济具有创造(新生)、改造(融合)、塑造(转型)功能,成为后发区域突破地理环境限制、培育新动能、实现弯道超车的新突破口和重要渠道,在多路径和多机制下,经济数字化转型正在助推构建新的区域经济格局。

数字经济时代新的技术经济范式对区域经济的重构表现为打破了传统生产要素有限供给对增长的约束,重塑了经济运行底座和基础条件,突破了时间和空间的局限性,经济运行场景和运行环境出现不同以往的新特征。数字经济的虚拟性、网络性、融合性对"实体空间"的影响逐渐强化,在时间维度上"速度"成为关键竞争要素、"时差"克服成为新价值领域;在空间维度上重新塑造"基础设施""区位因子""区域范围"等关键要素,形成区域经济发展全新"时空格局"。

(一)数字经济时代的"时间观"

"速度"成为关键竞争要素。数字技术把经济活动的速度提升到了光速级别,人们的信息传输、经济往来可以在更小的时间跨度上进行,信息流甚至能够做到瞬时传递,减少物化延迟性带来的损耗;网络承担了大量的即时传输服务,是以公路、铁路、飞机为主要传输工具的传统经济运行环境所不能比拟的。区域经济主体需要以接近于实时的速度收集、处理和应用信息，各个运行环节速度的快慢逐渐成为影响竞争的关键因素。市场需求瞬息万变，竞争对手层出不穷，产品与服务的更新迭代周期越来越短，这要求产业发展过程中能够以最快的速度对市场做出反应，以大数据思维和手段带来管理和制度创新，及时更新发展理念，调整战略并加以实施。

"时差"克服成为新价值领域。数字经济时代"时差"资源得以利用，只需轻轻点击鼠标即可完成千万里之外的一笔交易，如无延时医疗、全球性即时会展、线上会议等。即时服务、点对点等精准服务、快捷服务等都是克服"时差"而产生的全新价值创造领域。在信息技术和数字技术不发达的条件下，偏远地区或欠发达地区要想获得市场供需状况的有效信息，只能通过传统的联系和经验进行判断，数字化和信息化技术平台有效降低信息不对称性，提升信息利用效率。网络联通全球的特点，使得不发达地区也能成为网络中的重要节点，在网络关系中获取新的竞争优势。

（二）数字经济时代的"空间观"

区域基础设施重新界定。工业经济时代，区域经济基础设施以铁路、公路、飞机、桥梁、隧道和通信线路组成的交通通信等有形设施为主，构成区域产业发展不可或缺的"硬条件"。数字经济新范式下，5G、物联网、工业互联网、卫星互联网等构成了信息传输和交互的通信网络基础设施；以人工智能、云计算、区块链等为代表的新技术基础设施为数据处理、分析和应用提供了强大的支持；数据中心、智能计算中心等算力基础设施提供了强大的计算能力，是支撑各种信息技术应用的关键。新一代高速光纤网络、高速无线宽带加快普及，5G和超宽带技术研究深入推进，物联网广泛应用，越来越多的设备、终端等接入信息网络；网络信息技术与传统电网、公路网、铁路网等深度融合正在形成万物互联、泛在感知、空天一体的智能化融合信息基础设施，极大提升了经济活动的网络化、数字化、智能化水平和运行效率，成为支撑经济高质量发展不可或缺的新型基础设施。

区位因子选择的新趋向。传统区位论将原材料、燃料、劳动力、市场等区位因子作为影响产业区位选择的主要因素，同时在空间布局上注重发挥集聚效应。数字经济时代社会经济增长不仅依靠物质资源的投入，更多依赖信息、知识、技术的贡献，昭示着新的"区位"选择趋向。根据新空间经济学进行布局，虽然同样考虑传统区位因子，但活跃的技术创新环境、高素质人才的供给成为决定最优区位的首要因素①。数字经济淡化了企业生产行为的区位性，信息传输具有低成本、便捷性的特点，使得经济活动的跨地区、跨国界更加容易和频繁，传统的自然资源、劳动力以及物流枢纽等要素对经济活动的制约作用弱化，而与数据、信息的传播与转化紧密相关的区位条件为经济活动空间提供了更广泛的选择，传统区位概念逐渐淡化。

经济循环范围的重新拓展。数字经济时代，信息、知识、智力要素越来越重要，这些要素具备充分的流动性，因而对市场范围的界定不再是以物质要素的流动成本为主要依据，过去仅存于理论中的"大市场"假设在一定程度上得以实现，形成"市场放大效应"。数字平台控制的最优边界是"全域"，网络技术的发展，使得外部交易成本无限降低，管理辐射面可以无限延伸，直到信息和服务覆盖"全域"边界，破除了经济发展空间壁垒的封闭性，推动发展区位"分布式"拓展，为偏远地区、城市周边地区带来产业资源，可以实现更大范围的经济循环。电子商务的普及和国际贸易的数字化转型，显著拓展了全球生产网络和贸易空间。企业可以通过网络平台进行跨国界、跨区域的交易和合作，实现全球范围内的资源配置和流动。这

---

① 陈万钦：《数字经济理论和政策体系研究》，《经济与管理》2020 年第 6 期，第 6~13 页。

种无界化的特点极大地拓展了经济的空间范围，使得经济活动不再局限于某一地理区域，而是可以在全球范围内自由展开。

（三）数字经济时代的"时空格局"

数字经济创造了一个超高速、无限宽广、大数据化的虚拟空间，并与传统社会有限、低速的实体空间叠加、融合。虚拟空间平台层的云计算、数据库、边缘计算、数据安全、开发平台，融合层的物联网、人工智能、工业互联网、区块链等核心技术，通过物理世界与数字空间融合集成、相互映射，对接农业、工业、建筑、交通通信、商贸、文化、物流等各类物质生产和服务行业的应用场景，把经济活动带到一个虚实融合的空间当中，同时形成新时空格局下经济布局的新规律。

从虚拟空间向实体空间的延伸来看，一方面，数字经济从网络空间向实体空间扩展边界，形成以信息通信产业为核心的相关数字基础产业；另一方面，数字经济推进跨部门、跨产业融合，并广泛拓展至商业、生产、消费、公共治理等领域，最终形成数字化农业、数字化工业、数字化服务业，实现产业数字化。电子商务、跨境电商平台创造了网络购物、在线外卖、手机支付、远程医疗、在线教育、共享办公等全新的数字生活延伸，并实现了更广泛区域内的生活场景连接；产业互联网将生产制造全生命周期中的具体环节和要素在网络上互联互通，促进以平台为核心的产业组织方式重构和商业模式创新，实现制造服务化延伸和价值增值；物联网将传统的大数据分析升级为数据对实体经济的精准分析，将概念意义上的物物相连具象化为人与物、个人与企业、行业与市场的超限交互；各类线上交易平台、供应链平台、行业平台、多平台融合等应用通过整合各方资源不断拓展延伸产业链，打造产业新生态；城市大脑、智能交通、灾难预警、信息溯源、电子证照系统、社会信用平台、政务云等公共服务平台促进城市公共服务和治理更加便捷、智能和高效①。

从实体空间向虚拟空间的映射来看，梅特卡夫定律表明集聚经济从物理空间转向信息数字空间，物理空间对生产者与环境交互作用的制约大大减少。实体经济中的不同经济主体在数字世界形成了虚拟产业集群、虚拟科技园区，甚至是虚拟城市等新的经济关系，突破了传统集聚区的概念。大多处于同一产业链条上的企业依托现代信息与网络技术，打破地理位置束缚，构建虚拟企业的基础运作平台，利用虚拟场景实现产业集群的多产品服务，使产、供、销业务"虚拟化"。数字经济不

---

① 王一鸣：《以数字化转型推动创新型经济发展》，《前线》2020 年第 11 期，第 67~70 页。

再仅仅追求物理空间上的集中，而是趋向于虚拟空间集中，在虚实相生的网络空间形成多维叠加的新集聚。通过网状连接、信息流动、数据共享在经济各个领域层面形成网状结构，并使相互之间的依存度增强，使单向、封闭的经济状态向开放、自由、共享的互联互通状态发展。

图书在版编目（CIP）数据

　　智慧城市论坛. No.6 / 刘治彦，王谦主编；陶杰，
哈秀珍副主编 . --北京：社会科学文献出版社，2025.
4. --ISBN 978-7-5228-4655-2

　　Ⅰ. TU984-53

　　中国国家版本馆 CIP 数据核字第 2024LF7933 号

智慧城市论坛 No.6

主　　编／刘治彦　王　谦
副 主 编／陶　杰　哈秀珍

出 版 人／冀祥德
责任编辑／王玉山　徐崇阳
文稿编辑／潘晓颖
责任印制／岳　阳

出　　版／社会科学文献出版社 · 生态文明分社 （010）59367143
　　　　　　地址：北京市北三环中路甲 29 号院华龙大厦　邮编：100029
　　　　　　网址：www.ssap.com.cn
发　　行／社会科学文献出版社 （010）59367028
印　　装／三河市尚艺印装有限公司

规　　格／开　本：787mm×1092mm　1/16
　　　　　　印　张：16.25　字　数：145 千字
版　　次／2025 年 4 月第 1 版　2025 年 4 月第 1 次印刷
书　　号／ISBN 978-7-5228-4655-2
定　　价／98.00 元

读者服务电话：4008918866